基于健康循环的宁夏水资源适应性调控研究

唐　莲　刘子西　著

中国矿业大学出版社

·徐州·

内 容 提 要

本书针对变化环境下干旱地区水资源的问题,从社会适应性视角出发,基于二元水循环理论,提出干旱地区健康水循环的内涵,讨论了资源环境刚性约束条件下的社会经济适应性调控策略的基本原理。在此基础上,以宁夏为例,开展旱区典型区域健康水循环、水资源短缺风险、社会适应能力的评估,进一步明确区域的短板,并以水环境承载力提升、再生水回用贡献度、生态补水可行性等研究为重点,提出区域健康水循环的调控策略。

本书理论与实践相结合,具有一定的实用性及参考价值,可为水资源管理和水资源调控研究提供参考。

图书在版编目(C I P)数据

基于健康循环的宁夏水资源适应性调控研究 / 唐莲,刘子西著. — 徐州 : 中国矿业大学出版社,2024.3

ISBN 978 - 7 - 5646 - 6197 - 7

Ⅰ. ①基… Ⅱ. ①唐… ②刘… Ⅲ. ①水资源管理－适应性－研究－宁夏 Ⅳ. ①TV213.4

中国国家版本馆 CIP 数据核字(2024)第 063695 号

书　　　名	基于健康循环的宁夏水资源适应性调控研究
著　　　者	唐　莲　刘子西
责任编辑	杨　洋
出版发行	中国矿业大学出版社有限责任公司
	(江苏省徐州市解放南路　邮编 221008)
营销热线	(0516)83885370　83884103
出版服务	(0516)83995789　83884920
网　　　址	http://www.cumtp.com　E-mail:cumtpvip@cumtp.com
印　　　刷	江苏凤凰数码印务有限公司
开　　　本	787 mm×1092 mm　1/16　印张 9.5　字数 175 千字
版次印次	2024 年 3 月第 1 版　2024 年 3 月第 1 次印刷
定　　　价	56.00 元

(图书出现印装质量问题,本社负责调换)

前　言

变化环境下,水循环受气候和人类活动双重影响,水资源在时间和空间上的重新分配以及总量的改变,增加了洪涝、干旱等灾害发生的频率和强度,进而使得区域水资源短缺问题更突出。面临日益严峻的威胁,人类社会需要从水循环和社会经济的复杂关系出发,在认清资源环境刚性约束的前提下,动用各种社会物资及力量,从社会经济角度采取有效措施,以解决水资源高度开发利用与社会经济、生态环境之间的矛盾,并通过调整人类活动状态、增强调控来实现二者的平衡,以提高水资源开发利用的社会适应性能力,促进水系统良性循环。

现代环境下人类活动的影响越来越深远,受到人工驱动力作用,强人类活动干扰地区的社会水循环通量成为主要的循环通量。从社会经济水循环角度来看,二元循环下的健康循环对城市水循环各个环节及影响城市水循环人类活动提出约束性要求:(1)增进社会对水与人类关系的了解,培养节水习惯,减少取水量(节约用水和节制用水);(2)提高用水效率,规范社会耗水量;(3)形成城市完善的水循环系统;(4)再生水回用循环利用,污水处理程度根据下游水体功能需求确定;(5)降低污染负荷,确保生态环境用水(增强水生态服务功能),提高水环境承载力,恢复河流与湖泊的清澈;(6)通过社会经济适应与调控响应促进水循环良性健康发展。水资源适应性利用是一种适应环境变化且保障水系统良性循环的水资源利用方式,建立"适水型"良性经济发展结构是我国水资源短缺情况下发展的必然选择。最终能否解决"水问题",取决于城市社会经济可提供的资源的量以及对资源综合调控、自律调整的能力是否与目前存在的问题相适应。

干旱地区要实现水资源适应性利用,应该从水系统健康循环内涵、典型干旱地区水健康循环状态评价、社会适应性调控与水短缺关系、旱区水环境提升策略等关键问题出发,明确影响区域健康循环的短板,确定目前的状态,从社会适应性调控的角度出发,讨论区域水资源、水环境的关键问题,从而提出调控策略。

本书的主要研究内容如下:

(1)首先讨论了水资源短缺地区资源环境对经济发展的刚性约束作用,同时分析了社会资源投入及管理水平、调控能力的提升对环节资源短缺的积极效应,明确了健康水循环的内涵及评价内容。

(2)健康的水循环不仅具有自然功能属性,还具有社会服务功能属性。干旱地区水短缺、环境生态问题归根结底是水资源短缺引起的,经济社会发展、水生态修复、水环境保护需求增加又进一步加剧水资源短缺。因此,从根本上来讲,水系统健康循环的响应与反馈其实是水循环与社会适应能力协调的过程。首先讨论了西北干旱缺水地区的水问题实质是社会发展及其适应性与资源环境禀赋及利用不相匹配的问题,即在自然和人类活动作用下的地区水循环系统产生了"不健康"问题。针对此问题,提出水资源适应性利用是一种适应环境变化且保障水系统良性循环的水资源利用方式,其重点考虑人水关系的平衡转移,可通过一系列调控手段主动适应,实现与环境变化适应的和谐平衡转移,朝着人水和谐方向发展。在调控过程中需要注意经济社会环境效应的可持续性。

(3)从区域典型城市特点出发,结合健康水循环的内涵,建立指标体系,对健康水循环的状态进行系统评估,判断发展趋势、状态,明确关键影响因素及空间差异。

(4)以健康水循环评价结果为参考,从干旱地区水问题的源头——水短缺出发,评估水短缺带来的风险,探讨水短缺与现状社会适应能力耦合协调关系,理清了区域社会适应能力的短板,明确了调控的思路和方向。

（5）从水环境承载力和再生水回用角度讨论了水环境承载力提升对策、再生水回用对水环境承载力调控的贡献率以及再生水回用生态补水的可行性，系统提出了干旱地区社会适应能力调控的关键策略。

本书的出版得到了宁夏高等学校一流学科（水利工程学科）项目（编号为 NXYLXK20210A3）、宁夏重点研发项目（编号为 2018BEG03008）、宁夏自然科学基金（编号为 2023AAC03138）、宁夏重点研发项目子课题（编号为 2023BEG02055）的资助，在此一并致谢。感谢陈炯利、王永良、张静、陈颖龙等同学在本书撰写过程中提供的帮助。

本书参考和引用了许多专家和学者的研究成果，在此向所有文献作者表示衷心感谢。

限于作者的水平，书中难免存在不妥之处，敬请读者批评指正。

作　者

2023 年 7 月

目　　录

第1章　健康水循环理论

1.1　变化环境下的水循环

水是大气环流和水循环中的重要因子。气候变化必将引起全球水循环的变化,并对降水、蒸发、径流、土壤湿度等产生直接影响,引起水资源在时间和空间上的重新分配以及水资源总量的改变,增加洪涝、干旱等灾害发生的频率和强度,进而使得区域水资源短缺问题更突出。随着人口增长和社会经济的发展,人类活动对水循环演变的贡献日趋增强。人类活动对水资源的高强度的开发、利用以及规划和管理等,改变了天然循环,对水循环形成与演化过程干扰[1]。变化环境(一般指气候变化和人类活动)下的水循环过程与演变规律研究及水循环对气候变化和人类活动的响应是国内外学者研究的重点[2]。

水资源与社会经济活动之间既存在相互遏制的矛盾关系,又存在相互促进的协调关系。尤其是水资源先天缺乏的地区,资源总量总是无法满足不断发展的社会经济的需求,二者之间的矛盾是长期的现实存在。但社会经济增长带来的环境保护意识的提升、恢复资金的投入、知识和科技的进步、经济效率的提升、管理水平的适应、社会资源的投入,又能够在不损害环境或者将对环境的伤害降到最低的前提下,使之能够在一定的容量内实现可持续发展,二者之间的相互作用能形成相互促进的和谐响应关系。

极端气候和人类活动的大肆干扰导致人类所处水环境迅速被改变,加强人类对水环境的认识以及协调二者的关系、研究气候变化及人类活动对水循环影响的机理及评估水资源安全影响,提出应对气候变化及人类活动影响下的水资源适应性管理策略,对水资源的合理利用和规划管理具有十分重要的现实意义[3-4]。

以水循环为核心的水系统研究是国际地球系统水科学前沿和新的学科发展方向[5]。2004 年,国际上以地球系统联盟(EESP)为依托,专门制订了全球水系统计划(GWSP),其核心任务是:探知人类影响水系统动力机制的方式,并告知决策者如何缓解这些影响环境与社会经济的后果。在学科发展方向上,强调水循环联系的三大过程的实验与机理研究,揭示水系统演变规律。强调水循环联系的三大过程的相互作用-反馈与水系统耦合模式研究。强调开发关键调控策略与适应性策略[6],为应对气候变化与人类活动影响的流域水管理提供科学支持。国家在水安全保障战略方面,特别强调水的可持续利用、人水和谐,重视流域水的生态-环境效应和对水的综合管理,以最大限度改善和维系健康水循环。

由于流域水循环的复杂性以及受高强度人类活动和气候变化的多重影响,水循环系统时空变化的量级与机理、水循环系统各部分作用与反馈、环境变化下社会经济发展的水系统承载能力与适应性,成为水问题研究亟待解决的三大关键科学问题。面对变化环境下复杂的水问题,通过水系统的三大过程机理研究与多个环节的综合调控,维系流域健康水循环,支撑社会经济可持续发展,是新时期水科学基础与应用研究面临的挑战。水与社会是现代水资源管理面临的课题,需要加强经济社会发展与水循环的影响和驱动关系的交叉研究,加强水经济、水政策和水的调控与管理体制的建设。

1.2　二元水循环理论下的水系统健康调控

水问题的本质是自然和人类活动共同作用下水循环在演变过程中所产生的资源、环境和生态效应超出区域承载能力。在进行水问题的多维调控过程中,要以"自然-人工"二元水循环演变模式为指导,对水循环演变规律定量识别。

解决地区的"水"问题,不仅是单纯的"开源""节水""治污"问题,还要基于区域水资源严重短缺的现状及水环境现实存在的问题,将城市经济社会发展与水系统看成一个整体,系统研究其与区域水资源、水环境系统的响应关系及约束机制,认识其演变规律,重视全社会经济活动认知逐步加深和技术进步的基础上的主动且自律的调整,使二者之间形成良好的匹配关系,为增强社会对水环境、水资源问题的响应及适应能力、调节能力提出针对性策略,从而达到人水和谐。

但是,人类活动对流域水循环系统的作用机制和水资源演变机理是复杂的,其对水循环路径的改造和影响是对流域水循环干预的主要手段和水循环二元化的外在体现,因此循环路径的二元化是水循环二元化的表征。现代环境下人类活动的影响越来越深远,受人工驱动力作用,强人类活动干扰地区的社会水循环通量成为主要的循环通量,因此在研究流域水循环的驱动机制时,必须将人工驱动力作为与自然力并列的内在驱动力[1]。健康循环是社会经济系统解决水资源短缺以及伴生的水环境污染等社会水循环问题的一种主动调控,但目前的调控力度及强度、调控策略的边际效应等与水循环的不健康程度不匹配。

国际上社会水循环系统研究成果主要集中在近三十年,并得到一系列理论研究成果。M. Falkemark[7]对社会侧支与自然水循环之间的相互作用进行研究;S. Merrett[8-9]研究了不同尺度的"自然-社会"循环,反映人类活动在自然水循环中的关键性作用及其管理调控措施;日本就构建区域范围内的水资源(包括真实水和虚拟水)在社会循环中的通量进行分析[10-11];M. J. Hardy[12]提出了综合城市水循环管理的新框架,并建立了城市水循环模拟模型;纽卡斯尔城市委员会制定了"可持续的城市水循环政策",为城市水循环系统管理提供了基本的准则框架;A. Montanari 等[13]对不同层次的城市居民生活水循环结构和过程进行了系统分析和研究;J. Linton 等[14]、P. P. Mollinga[15]、R. A. MC Donnell 等[16]深入研究社会水循环历史,并结合当地地理条件,分析水、能源及流通循环运动等。

国内研究者则从健康水循环的概念,二元水循环的结构、过程、通量、评价等方面开展社会水循环研究,研究重点可概化为概念及内涵理论探讨和实施策略两个方面。曾维华[17]提出了流域水环境系统自然循环和社会循环的双向调控。李圭白[18]首次提出社会水循环的概念。程国栋[19]从社会经济水循环角度提出虚拟水的概念,拓展了实体社会水循环的外延。陈庆秋等[20]提出了基于水资源社会循环的城市水系统环境可持续性评价的基本构架和概念模型。陈庆秋[21]基于对水资源开发利用中人类活动影响的认识提出了社会经济系统水循环研究需要关注的四个方面。王浩[28]等创造性地提出"人工-自然"二元水循环理论,将社会水循环定义为"受人类影响的水在社会经济系统及其相关区域的生命和新陈代谢过程"。"受人类影响"反映人类对自然水运动的干预及能动性,"新陈代谢"反映了水对于人类社会经济的重要性及其运动的复杂性,"生命"过程反映了人类干预调控下社会水循环的积极(成长)和消极(水质恶化及用水区域演变)的特征。社会水循环极大地受自然因素的制约,但是根本驱动因子是人及其社会经济系统。影响社会水循环的因素包括区域位置、水资源禀赋和气候变化等自然因素以及人口、经济水平、科技水平、制度与管理水平、水价值与水文化等社会因素。此概念充分凸显了人类在社会经济系统中的主观能动性及对水系统的强大影响力。

研究者着眼于社会经济水循环角度,逐步将人类活动对社会水循环过程及通量的响应和社会调控手段的结合等作为研究重点。黄茄莉[23]进行了水资源通量量化研究;王勇[24]将社会水循环理念贯穿节水型社会建设和规划。李玉文等[25]、王浩[26]等从社会经济水循环角度讨论干旱区域虚拟水问题。刘家宏[27]从基于社会经济水循环的水资源管理调控方面阐述社会经济与水社会循环的关系。王浩[28]等系统总结了"自然-人工"二元水循环学说,并研发了二元水循环系统模型,在海河流域等的实践为后续研究提供借鉴,该研究成果为构建社会水循环科学框架体系及调控策略提供了理论基础。周斌等[29]以水资源良性循环理论为基础,针对京津冀水资源复杂问题,提出自然水资源循环和社会水资源循环协同均衡的总体调控思路,并从富自然调蓄水、污水集中与分散处理相结合、统一调控管理、消耗水管理及水市场协同发力五个方面提出应对策略。

随着社会经济活动规模的不断增大,水在社会经济系统中的运动日益成为影响社会系统与自然水系统相互作用过程的主要形式。社会水循环研究不仅要关注其"取水、给水、用水、排水、污水处理、再生回用"六大路径以及由点到线和面的"耗散结构"等基本特征,还要聚焦社会经济系统各类产品和服务是社会水循环的终极载体这一核心问题。而要深刻理解社会水循环的过程、规律和机理,亟须抓住产品和服务,深入认知经济社会系统运转的全过程[30]。

综合不同研究者的成果提出的实施策略,二元循环下的健康循环对城市水循环的各个环节及影响城市水循环的人类活动提出约束性要求:(1)提高社会对水与人类之间关系的了解,培养节水习惯,减少取水量(节约用水和节制用水);(2)用水效率提高,规范社会耗水量;(3)形成城市完善的水循环系统;(4)再生水回用循环利用,污水处理程度按下游水体功能需求确定;(5)降低污染负荷,确保生态环境用水(提高水生态服务功能),满足水体自净的环境容量要求,关注水环境承载力提升,恢复河流与湖泊的清澈;(6)社会经济适应与调控响应对恢复能力的影响及良性发展。

目前大部分研究只是单向讨论了城市水循环健康对水环境的影响,提出了一些策略,从城市"人-水"关系的角度探讨水资源、水环境与城市社会经济水循环及社会适应能力的约束作用与反馈、响应机制还较少见,具体的量化关系研究也比较缺乏。

1.3 水系统健康循环内涵及调控要求

从水的社会循环和自然循环的角度重新审视水问题,不难看出,水环境的整体恶化是水的社会循环严重干扰了其自然循环造成的。要从根本上解决水环境问题,首先要从社会水循环规律入手,建立健康的社会水循环[31]。

关于健康循环,从陈家琦[32]最早探讨了健康社会水循环的实现途径,到张杰等[33-34]开展的系统研究及实践,研究者都认为人类经济的发展造成用水量增加事实上是使水的社会循环量增加和循环过程不通畅。"健康循环"是让水资源能形成一个节制的取水——→净水——→用户节约用水——→污水深度处理——→再生水循环利用——→排放水体不产生污染的模式,水的社会循环不损害水自然循环的客观规律,从而维系或恢复城市乃至流域的良好水环境[35-37,9,12]。高艳玲等[36]指出人类活动对水环境的影响、生态环境的恢复与水资源的再生产循环也必须健康。杨峰[38]将城市水环境理解为:健全循环和良性循环。该思想强调城市水环境正常功能的发挥、水循环环节的健全及水环境系统与经济社会的协调。赵彦伟等[39]提出健康的水循环除了水体保持良好的自我调节、净化外,还包括人类活动对胁迫因子的恢复能力及良性发展。随着对健康循环的不断认识,学者们在讨论自然良性循环的基础上进一步提出人类社会经济活动与自然的适应性。关于水的社会循环的主要观点,则是让水资源能形成一个取水──→用水──→污水处理──→再生循环的用水模式,即人们使用水资源过程中要遵循水的自然运动规律,先在水的社会循环中使"水"健康循环。通过水资源的不断循环利用,使水的社会循环和谐地纳入水的自然循环过程中,实现社会用水的健康循环。城市的供排水系统、农田水利系统、水能利用系统都是社会水循环的一部分。水健康循环就是要在水资源开发利用过程中注重其生态环境及社会经济双重效益,维护其良性循环,充分发挥水的自然、社会、经济等综合性功能[40]。健康水循环不仅是城市水循环内部的健全、功能正常,也是城市及周边水环境健康的互相影响,其最高层次是充分考虑人类活动对水系统、水环境、水生态的影响及主动响应,形成生态环境恢复与水资源再生结合的健康生态系统。其中,节制用水,城市污水的再生、再利用、再循环,流域水环境承载力综合管理等都是实现水健康循环的策略。

目前关于水系统健康循环的研究成果在健康循环评价方面比较集中,主要体现在以下途径上:(1)从水社会经济循环的实体水过程(取用供排回用)出发建立指标体系[41-43];(2)从水健康循环涉及的水及伴生问题(水生态、水安全、水环境、水资源)[44-45]出发开展评价研究,如考虑水资源利用及其量、质、生角度[46-48],从水生态水平、水资源丰度、水资源质量、水资源利用四个维度出发评价区域水循环健康状况,或者在保证充足的水资源量、良好的水质状况和水生态水平、较高的水资源利用效率基础上提高水灾害抵御能力[47]。总体而言,这些研究成果都认为健康的水循环模式首先应该保证水生态功能和水体功能的正常化,确保自然水循环的生态价值;其次需要形成高效的水资源利用模式,发挥水资源的人类服务价值。但是从社会水循环角度来看,目前的评价体系中只提出了应该从"水"安全利用角度考虑对健康循环的影响,对水资源调控策略的社会适应性缺乏评判,也没有体现社会适应性策略的动态反复调控思想,不能体现多元水循环下的健康循环的内涵。

王浩等[49]提出包括社会水循环系统的水量水质演变过程研究、经济社会发展规律的科学认知与社会水循环之虚拟水流动机理研究、社会水循环系统的评价与调控研究等在内的社会水循环研究的前沿领域,指出了健康社会水循环未来的研究方向。健康水循环理念将水危机的两个方面——水短缺及水污染,统一于水环境恢复课题中,一并予以解决。在社会用水健康循环的理念指导下,人类社会用水将转变为"节制取水——→高效利用——→污水再生、再利用、再循环"的循环用水模式,使流域内城市群间能够实现对水资源的循环利用,共享健康水环境,使水的社会循环和谐地纳入水的自然循环之中[49]。研究者的经验表明:城市水系统中污水处理再生利用是水资源及社会健康循环的关键纽带。在城市节约用水的基础上大力开展再生水循环利用,建立适应水环境容量及水资源承载力的城市水系统,逐步恢复水生态,达到人水和谐,是水健康循环的核心内容。同时,新的水策略系统的构建,改变了传统水策略"以人为中心"的"治水"策略,建立了一个"适应与保护"水环境的生态水策略,在此基础上,以水为中心规划工农业生产格局,适应水环境容量和水资源的承载力,与水和谐相处。但是相关研究成果对调控的理解仍局限于工程、制度和经济,尤其是水价、污水处理费、水资源费和污水排污费等微观措施,而对产业政策、经济布局和贸易格局、回用策略等根本性的水资源配置调控手段以及气候变化下社会水循环的适应对策等,关注还不够。

由于虚拟水的加入,社会经济水循环逐步从人工-自然二元向实体水-虚拟水耦合流动二维三元[50-51]发展,尝试从生产格局调控及管理角度提供实现健康社会水循环新思路。实体水-虚拟水耦合流动过程水量时空变化属性(流动通量)和水环境水生态(环境生态效应)的演变属性是健康循环研究调控重点。虚拟水的耗用和贸易流动促进了实体水与虚拟水的转化和空间布局,既会改变实体水的取用供排回用的流动过程,也会影响资源的"量质生"效应,从而对整个水循环产生影响。健康水循环的范围扩大到了自然＋社会经济系统,研究对象既包括实体水流动及其"水"效应,又包括虚拟水环节的流动及其"水"效应。围绕水资源、水环境、水生态的关于健康循环的讨论一直延续着,但目前此类研究成果依然较少,关于实体水-虚拟水耦合对健康循环影响方面的研究基本没有,仍需进一步丰富与发展。

研究视角的转变,说明众多研究者对社会水循环的认识逐渐从理论构架转向实践,从单纯研究水循环到引入社会经济系统的管理调控及社会经济循环,这个趋势说明社会水循环的研究已经在向"水与经济社会"耦合研究转变。采用提高系统对现有水资源条件适用性的方式以缓解资源型缺水城市水问题是值得探究的途径,但显然在该方面还有很多工作要做。

归根结底,社会水循环健康与否取决于城市水系统中人类社会经济活动与水环境的相互适应及协调关系的状态。即在各种水资源社会经济调控措施(节水型社会建设、最严格水资源管理制度、虚拟水策略、生态文明建设等宏观策略以及海绵城市建设、河长制等未来可能采取的策略)的综合作用下,既要考虑水环境保护的要求及生态保护的需要,也要考虑社会经济的发展的需要,以及社会经济系统调动各种资源参与社会水循环的主动调控、改善社会水循环过程、形成健康社会水循环系统。

综合不同研究者的研究成果,健康循环内涵应该包括:

(1) 在水量不充足的条件下,缺水是阻碍,节水是基础,规范社会耗水量是目标,社会经济调控是实现途径。

(2) 实体水循环健全,再生水回用循环利用;虚拟水流动具有适水性,与区域水资源相适应。

(3) 良好的水质满足水体自净的环境容量要求,确保生态环境用水。

(4) 社会经济适应与调控对水循环的良性促进作用。

健康循环是社会经济系统解决水资源短缺以及伴生的水环境污染等社会水循环问题的一种理想状态,但目前的调控力度及强度与水循环的不健康程度不匹配。

第2章 旱区水资源适应性调控策略理论

在气候变暖、人口增长和经济发展的多重压力下,西北干旱地区已经出现十分严重的水资源和生态环境安全隐患。水资源短缺、城市用水与生态环境建设之间的矛盾非常突出。

(1)水资源先天不足是制约西北干旱地区社会经济发展、影响生态安全的关键因素,对未来经济社会可持续发展起着至关重要的作用。(2)西北干旱地区特殊的地理位置,使得该地区在国家生态安全战略中具有重要的地位。该地区的水问题不仅对当地的社会经济发展产生约束,还威胁到黄河中下游的水环境安全及周边地区的生态环境,甚至对整个黄河流域的水资源形势提出严峻挑战[26]。(3)西北干旱地区是经济较为欠发达的地区,其经济社会对水环境改善及污染治理的支持能力也较为有限。(4)西北干旱缺水地区城市化进程加快使这些矛盾更加突出。因此,西北地区的水问题的实质是社会发展及其适应性与资源环境禀赋及利用不相匹配的问题,即在自然和人类活动作用下的地区水循环系统产生了"不健全"问题。

2.1 水资源短缺适宜性调控理论与实践研究进展

2.1.1 水资源社会适应性利用模式

自然水循环系统的资源供给不足和环境容量约束等问题逐渐显露,越来越多的学者和管理者充分认识到社会水循环对自然水循环和生态系统的影响和作用,进一步加强社会水循环系统的调控研究一直是研究的热点。在特定条件下,人类水环境中的水成为水资源的一部分(人类从环境中取水的过程)。然而水资源经过人类使用之后(人类的用水过程)排放到水环境中(人类向环境的排水过程),成为水环境的重要组成部分,完成循环过程。其中没有得到充分利用、妥善处理的污水直接被排放,就会造成水污染,导致水体的使用功能损害或丧失,本应是水资源水体中的水,就演变成退化水环境。从这个角度来看,水环境污染也是一种资源的短缺问题。

在应对日益增加的自然资源稀缺问题的时候,如果一个社会没有足够的能力对此做出调整,则该社会就可能被视为社会资源稀缺,L. Ohlsson 称之为社会适应能力差[52]。Ohlsson 辨析界定了"第一资源短缺"(自然资源)和"第二资源短缺"(社会资源),定义社会适应能力为社会调适自然资源短缺的能力,受经济发展状况、教育水平和制度能力等因素的影响。对水资源而言,社会适应性可理解为当人类社会系统受到水资源短缺(环境变化)冲击时,内部调动足够社会资源以缓解压力并使系统能够重新自我组织,以使初级生产力、水循环、社会关系和经济繁荣等关键功能不发生显著变化的过程。社会适应性的主体是人类经济社会系统,社会资源量决定了人类对水资源短缺矛盾的应对能力[53-56]。

Yasir Mohieldeen[57]把社会适应能力定义为组织或团体应对社会、政治和环境变化带来的外部压力与干扰的能力。水资源敏感性受环境变化等外界因素的影响,水环境条件能够自适应和响应人类活动影响,且人类社会对水资源环境变化产生应对机制,从而调整、适应风险冲击[58-60]。因此人类在克服所有基础性资源短缺时都必须考虑社会适应能力,而社会经济资源的匹配在应对基础性资源短缺中十分关键。社会适应能力理论为水资源的短缺问题提供了新的解决思路[59]。旱区城市水环境问题归根结底是水资源短缺引起的,水环境问题加剧了水资源问题。因此,从根本上讲,水环境与城市的健康水循环的响应与反馈其实是水环境与社会适应能力的协调过程,是实现人与水和谐的关键。最终能否解决水问题,取决于城市社会经济可提供的资源量以及对资源综合调控、自律调整的能力是否与目前的问题相适应。

水资源适应性利用是一种适应环境变化且保障水系统良性循环的水资源利用方式,建立"适水型"的良性经济发展结构是我国目前水资源短缺状况下发展的必然选择。左其亭提出了该模式的特征为:(1)人类开发利用水资源需要适应环境变化带来的水系统变化,使水系统的承载能力在良好的可控范围内;(2)正确理解环境变化带来的人与水平衡关系变化是可以通过人与水关系调控的,应避免出现人、水矛盾恶化,引导人与水关系朝着更好的平衡转移;(3)水资源适应性利用也追求水资源利用的社会效益、经济效益、环境效应的综合效益最大化,寻求水资源优化配置利用,追求水资源可持续利用目标。

现代社会中,自然水资源短缺使人类社会受到冲击并出现波动,自然资源与社会经济相互依赖、控制及反馈作用将日益增强。水资源问题及其解决延伸到社会经济领域[12],水资源管理进入社会化管理阶段。这就意味着在解决水资源问题时,必须强调社会资源的作用,强调经济社会的主动调整与水资源短缺、水环境污染的相互适应过程与响应。提高水资源与其他经济社会要素的适配性,将水压力负荷控制在水资源系统可承载范围之内,是落实国家空间均衡治水方针的具体体现[4,60-62]。

社会适应性能力调控是一个多维的概念,指特定社会应对自然资源稀缺的能力,以及接受、采纳和实施这种措施的能力,包括经济发展、教育、制度能力、技术、管理等方面,是涉及各个环节的综合系统工程,是根据社会水循环过程中出现的问题,制订各种工程和非工程措施来保障水在社会经济系统中的持续健康循环,实现水资源社会经济调控。从本质上讲,水资源管理的社会适应性调控:首先,确保以水为基础的生态系统和水体功能的正常化;其次,要有足够的水资源来满足目前及未来社会和经济发展的需要;最后,节约用水,提高用水效率。健康的水循环不但应具有自然功能,而且还需要有社会服务功能,特别是在人口密集地区或对水的需求竞争激烈的地区。此外,应当利用水的丰富度和利用效率来描述社会服务的水循环健康状况[50]。具体到水资源系统,就是实行水资源的适应性管理及利用,其前提或目标是保障水系统良性循环[63]。

水资源适应性利用重点考虑人与水关系的平衡转移。通过一系列调控手段的主动适应,实现与环境变化相适应的和谐平衡转移,朝向人与水和谐发展,并在调控过程中注意经济社会环境效应的可持续性。

2.1.2 水资源短缺适宜性调控实践研究进展

已有越来越多的研究者加入水资源适应性管理实践研究探索,但研究角度差异较大。夏军等[64]以海河流域为例,提出动态调控措施和适应性管理对策是"监测——评估——调控——决策"不断循环更新的过程,是一种针对环境变化造成的不利影响而采取的水资源脆弱性与适应性管理的方法。方国华等[65]提出了水利适应能力概念及内涵,并从水利建设角度进行经济社会发展协调性评价。王慧敏[66]讨论了最严格水资源管理实施路径下的水资源适应性管理对策。李玮等[67]从社会经济角度讨论不同因素对社会水循环的影响,发现节水技术进步、农业用水效率的提高可大幅度减少水资源通量,其对水资源节约的贡献率可达到1 122%。李昌彦等[68]认为水资源适应性管理应该考虑不同适应对策的具体影响和改善水资源脆弱性的能力,并能量化比较,从而有针对性地提高社会适应能力。王永良等[69]从区域水资源短缺出发,建立耦合协调模型,讨论了区域的水资源短缺与社会调适能力的耦合协调关系。左其亭[70]在总结我国治水实践基础上提出了一种适应环境变化且保障水系统良性循环的水资源适应性利用方式概念框架,指出水资源适应性利用要遵循自然、社会规律,适应水系统变化,通过科学调控来实现,是针对"环境变化、水系统变化、生态系统变化"以及"水系统供给侧、需求侧变化"一体化的适应。应通过关键因子识别、水系统模式预测、调控方案优选并实践和判断状态及进一步调控方向。水资源利用要与经济社会、自然变化相适应,要与经济社会生态环境相协调[71-72]。总体而言,以上的研究虽然角度各不相同,但所有研究成果都表明这些水资源适应性管理在应对资源环境短缺问题时是有效的。而左其亭的概念框架的提出相对系统完善,有一定指导意义,但是在适应性判别准则及量化方法、测度及定量评估方法、综合调控等方面,理论研究和应用实践还比较缺乏,对人为科学调控的方式讨论还在探索和实践中。

干旱地区生态问题归根结底是水资源短缺引起的,经济社会发展、水生态修复、水环境保护又进一步加剧水资源短缺。因此,从根本上讲水系统健康循环的响应与反馈其实是水循环与社会适应能力协调和调节适应的过程。同时适应性调控还是一种"监测-评估-调控-决策"不断循环更新的动态调控措施和适应性管理对策,需要根据水系统的变化不断调整[73-74]。代表性的观点认为,"社会适应性"相关调控理论的提出,为解决水资源短缺问题提供了新的思路。社会适应能力调控的对象是水社会经济循环过程,调控的理想状态是实现健康水循环。变化环境下水资源系统适应性是由水资源自然系统的自然恢复性和社会(人工)系统的人为适应性组成的。从水量、水质、生态三维水资源短缺评价理论[73]上来讲,可以从水量、水质、水生态等方面识别分析自然恢复性因子,从资源、生态环境、社会经济、技术等方面识别分析人为适应性因子[74],要从节约用水、提高用水效率、保证水质及以水为基础的生态系统和水体功能的正常化出发,取决于城市社会经济的多维综合调控是否与目前的水资源、水环境约束、生态恢复相适应并能保障水循环健康。

缺水流域水资源供需矛盾尖锐,区域之间与行业之间用水竞争激烈,经济、社会、生态环境等多类用水协调及调控难度极大[75-77]。西北地区最主要的流域是黄河上游流域及内陆河流域,其中黄河流域是人口以及农业生产集中的区域,是我国水资源最短缺的地区,也是水环境污染最严重、环境条件最恶劣的地区。降雨量偏少导致可利用水资源不足,水资源开发与污染物的大量排放加剧了水环境的污染,导致本来就脆弱的生态环境更加恶化,这个现状严重影响了地区的可持续发展。城市用水的健康循环是恢复维护城市良好的水环境的核心内容。在干旱地区内陆河及黄河流域,针对社会经济调控策略及措施的研究更活跃[78-79]。研究实践也证明:黄河流域过去16年间整体水资源脆弱性等级已经明显提升,水量脆弱是未来流域整体水资源脆弱性改善的瓶颈,采取积极的未来人工调控措施能使流域整体水质及水灾害脆弱性得到改善[80]。从"经济社会-水资源-生态环境"系统互馈机理出发,识别水资源承载力关键驱动指标,优选承载力提升和减负方案,也可以在一定程度上实现黄河流域水资源承载力的改善[81]。

以上的研究实践都表明:社会经济调控措施的实施可以提高对水资源短缺的响应的社会适应能力,并有效缓解水影响下的环境问题。但是社会经济适应能力与水问题之间是如何协调的?目前的资源投入在不同发展阶段解决水问题的效率如何,社会经济措施与水问题协调关系的动态调整如何实现,需要调动补充哪些社会资源,具体的定量是多少等问题的系统研究实践成果还非常少见。

2.2 水资源、水环境承载力与适应性调控研究进展

水资源承载力是一个国家或地区发展过程中衡量水资源、经济社会及生态环境之间协调发展程度的一项重要参考指标,对区域的经济、社会的发展和规划具有重要的影响和深远的意义[82-84]。水资源是干旱地区内陆河流域环境与发展的主导因素,其承载力是评判水资源与经济社会及生态环境之间协调发展的重要依据。正确评估区域水资源状况,以水资源承载力为抓手,通过加强水资源管控,进一步强化水资源刚性约束,进而有针对性地采取"开源"与"节流"相结合的方式,对促进水资源、经济社会、生态系统协调发展具有重要意义[85]。

2.2.1 水资源承载力内涵研究进展

水资源承载力调控一直是适应性利用关注的热点。张建云等联合提出:水资源问题是约束我国经济社会高质量发展的重要因素,实现健康的区域水平衡状态,强化完善水资源刚性约束,深入分析区域水平衡状态描述及与水资源承载力的相互关系、动态演变及调控、健康的区域水平衡构建途径等关键问题的系统研究列入中国科协 2020 年十大前沿科学问题之一。

目前并未形成公认的水资源承载能力概念,国际上通常采用可持续利用水量、水资源自然系统的极限、水资源紧张程度、水资源的生态限度等近似表达水资源承载力的含义,且一般指天然水资源量开发利用的极限。

国内早些时候,施雅风、许新宜、程国栋、夏军、左其亭、樊杰等的观点较有代表性:水资源承载能力内涵可概括为"在特定区域、时间内,在保护生态环境的前提下,水资源系统支撑的经济社会的最大规模"[85]。将水资源承载力定义为"区域在一定经济社会和科学技术发展水平条件下,以生态、环境健康发展和社会经济可持续发展协调为前提的区域水资源系统能够支撑社会经济可持续发展的合理规模"。水环境承载力的内涵包括了资源承载力、纳污能力以及所能支撑的最大社会经济规模。不同研究领域对承载力的定义也不尽相同,可以归纳为两个方面:一是强调承载的上限阈值,即"承载能力",是一个极限概念;二是表征承载的平衡状态,即"承载状态",可以划分为超载、平衡或可承载等不同类别[86]。

也有观点认为水资源承载力研究可分为水资源承载程度和承载能力两个方面。水资源承载程度是评价区域水资源对经济社会的支撑状态,即是否超载或超载程度,更多的是一种水资源利用的监测和预警技术。《资源环境承载能力监测预警技术方法(试行)》中有关水资源的评价就采用了该思路,可以得出不同区域(省、市、县)水资源利用是否超载和超载严重程度。水资源承载力受到水资源利用、生态环境质量和经济社会发展等制约,影响因素多样[87]。水资源保护二元水循环理论下的水资源承载力则强调除了受到自然驱动力作用外,还受人工驱动力的影响,更重要的是人口流动、城市化过程、经济活动、生态环境质量变化对水资源承载力造成的更大更广泛的直接影响,因此,研究水资源承载力必然要与社会和经济交叉,水与经济社会系统的相互作用与协同演化是研究要点。因此,社会、经济、生态环境等都应该是水资源所要承载的对象[39]。在二元水循环的功能属性方面,还增加了资源、社会、经济与环境属性,强调了水的有限性、用水的集约、用水的效率和水质与生态系统的健康。

2.2.2　水环境承载力及其内涵

水环境承载力既是衡量水资源是否具有可持续性的一个重要指标,也是水资源与社会经济发展相互关联的一个关键因子,对协调区域经济、社会、环境可持续发展具有重要意义。狭义的水环境承载力,被大家普遍认为与水环境容量、水环境水体纳污能力或者水环境容许污染负荷量等概念有所相同,仅对水体能够容纳的污染物进行了定义。广义水环境承载力,则是水环境在能够满足人们经济、社会和生活的基础上能够满足人们对水体纳污能力的要求。目前研究人员能够接受的概念主要是水环境承载力的广义概念:在一定的时期和区域内,在一定社会经济发展和环境质量保护的要求下,水环境功能可持续发展且不朝着恶性方向转变或者发展条件下,区域水环境系统所能支撑的人口、经济、社会可持续发展规模的阈值。这个定义体现了水环境承载力的客观性(由"一定时期和区域"决定)、可调性(受"经济与环境的制约"等人为因素的影响)及相对极限性(通过"阈值"体现)三个重要特征,强调了水环境功能健康是支撑社会经济可持续发展的前提和水环境承载力的基础。水环境承载力的对象是人口、经济、社会可持续发展规模,暗含了水环境承载力对自身纳污能力与生态健康的承载要求。其承载潜力是指在一定的时期和空间内维系自然资源环境系统稳定或向良性发展,资源禀赋和环境容量所能承载的人类各种经济社会活动的能力[88-89]。

研究表明:水环境承载力是水资源承载力的组成部分,是水资源承载力在环境容量维度方面的内涵表征。水环境承载力的变化对水资源承载力有抑制或促进下降的作用,水环境承载力呈下降趋势时水资源承载力下降较快,而水环境承载力呈上升趋势时水资源承载力下降速度减缓,当水环境承载力加速上升时,水资源承载力有小幅度上升趋势。水资源承载力年际波动较小,而水环境承载力年际波动较大,易受人为干预影响。可见,区域水资源安全调控的主要方向依然是水资源承载力、水环境承载力、社会经济三个方面[90-91]。

2.2.3 水资源承载力调控研究进展

水资源环境承载力具有可调控性:人类可以根据自身需求对水环境利用所掌握的水系统运动变化规律进行调节控制,并使其朝着预定的目标演进。根据承载状态值的定义,动态调控主要从提升承载能力和削减承载负荷两个方面展开,以此来达到调控目标。目前国内外水资源、水环境承载力调控的主要方法包括社会水循环调控模型法和多维临界调控法等。

(1)社会水循环调控模型法

社会水循环调控是指人类为实现预期目标而对社会水循环环节和过程进行调节控制[92-94]。社会水循环调控既要满足生活用水刚性需求,又要满足较为弱势的生态环境用水需求,而国民经济发展与水资源利用密不可分。水资源承载的客体是与水资源直接关联的经济社会、自然环境等多个复杂系统。水资源承载力由承载主体、客体以及系统之间相互协调和作用的关系决定。自然水循环和社会水循环之间相互作用复杂。社会水循环内涵包含社会经济生态环境等内容[95]。在水资源总量受限的情况下,要突破水资源对经济社会发展的约束,水资源的利用结构和相关节水技术需进一步发展与应用。实践证明:水价、污水处理费、水资源费和污水排污费等调控社会水循环的经济手段对调控社会水循环具有不同功效。在"以水定城"的研究思路下,张爱国等认为水资源承载力除具有时间上的动态性、空间上的差异性和生态上的极限性之外,还具有人为影响的可调节性[96]。因此,社会水循环调控应该统筹考虑社会水循环内部的经济社会、生态环境等环节,尤其注重对用水子系统调控,然后协调动员社会经济调控能力及手段,实现区域内经济发展和水资源在时间和空间、社会适应上合理调配并行。

社会水循环途径的调控思路,明确了水与经济社会、生态环境的关系,调控的出发点是人类社会对水资源及环境承载力的积极主动适应,是一种人类社会对资源短缺和环境保护的主动适应性的调控策略[96]。

(2)多维临界调控法

水资源调控是典型的多维临界控制问题。区域水资源总量及其年际变化属于不可控制变量,而社会经济用水及生态环境需水是可控制变量。不同于机械的自动控制有明确的目标,水资源承载力的调控包括社会经济、政治、科学技术及人文等因素,控制过程一般存在一定的摆动范围。从区域人口及经济社会发展的物理成因机制角度出发[97],充分考虑评价系统不确定性因素,将区域水资源承载力系统分解为水资源承载支撑力、承载压力和承载调控力三个子系统,或者从水资源支撑、经济负荷、社会负荷、生态保护四个层次对水资源承载力进行分析[89],以及以水资源可再生性和可持续性发展为指导的黄河水资源多维调控研究[98],确定了黄河流域多维临界调控的主要目标,提出多维临界调控方法,并通过建立仿真模型,可优选调控手段组合模式。黄强等[99]基于区域水资源预测平衡提出了水资源多维临界调控的概念、内涵。水资源系统调控的风险预测及分析也是研究者关注的重点。但水资源承载力多维临界调控方法的实践方面,成果比较零散,将以上方法应用于区域水资源承载力调控方面尚有很大的难度[100-101]。

随着水资源管理实践的演化和水资源承载力研究的深入,开展承载力动态预测预警并针对性调控逐渐成为新的研究方向。如以县(市)为单元构建县域水资源承载力量质要素系统动力学动态模拟与预测模型;再从空间上耦合以预测流域水资源承载状态;最后通过敏感性分析筛选量质调控指标,并确定优化调控方案,进行水资源承载力评价、预测及调控[102-103]。

2.3　基于再生水回用的水资源调控策略

污水再生回用可以增加水资源供水量,减少对水环境的污染,对水资源及环境承载力的影响是正向的,是提高水资源与环境承载力的重要措施。

从城市水系统的组成来看,城市排水系统是水自然循环与社会循环的连接点,污水处理及回用是水循环中水质与水量的平衡点,也是实现城市社会水系统健康循环及自然循环的纽带。对于缺水地区,区域水资源自然可再生能力无法满足人类的用水需求,就需要人为再生,污水处理与回用是水资源的社会循环的重要环节[104]。张静等[105-107]借助系统动力学模型研究了再生水回用对干旱地区城市水资源、水环境承载力的影响。黄天炎等[108]从宁夏的整体水环境承载力出发说明再生水回用的重要性。陈炯利[44]分别从宏观和微观尺度讨论了再生水回用对区域水健康循环的影响及湿地湖泊再生水补水的可行性。

目前我国城市污水处理的目标已经开始由单纯的"污水处理、达标排放""水污染控制"转变为以水质再生处理为核心的"水的循环再用""水生态的修复和恢复"。城市污水处理与再生利用呈现多样化的变化趋势。在社会用水健康循环的理念指导下,人类社会用水必须从"无度开采──→低效率利用──→高污染排放"的直线型用水模式转发为"节制取水──→高效利用──→污水再生、再利用、再循环"的循环用水模式,使流域内城市群间能够实现水资源的重复循环利用。研究者的经验也表明:在城市节约用水的基础上开展再生水循环利用,建立适应水环境容量和水资源承载力的城市水系统,逐步恢复水生态,达到人水和谐是水健康循环的核心内容。

因此,缺水地区的再生水利用趋势是以"补水+治污+回用+生态环境保障"[109]为基本策略,通过城市污水再生利用的强化,实现水资源可持续利用及城市水系统的健康循环。王晓昌[110]提出的再生水回用的新模式——近自然循环模式,其核心是利用水代谢原理诠释城市内部的水循环过程,通过营造水循环的动态条件和近自然条件实现污水及再生水利用过程的动态"水量"和"水质"的平衡,该模式的核心内容包括水多次循环利用和天然及人工水系的调蓄水库及自然净化功能的发挥。胡洪营等[117]对污水及再生水生态媒介循环利用的区域水资源及循环利用模式进行研究,以再生水的生态媒介循环利用为核心,同时考虑污水再生利用系统的污水处理和给水处理的双重定位和性质,建立再生水生态媒介循环利用方式。将经过工程措施处理得到的污水厂出水及再生水通过人工强化调控的生态系统(如人工湿地、氧化塘、河湖景观水系等),之后经过自然净化和储存后再作为工业、生活和农业用水循环利用[112-114],同时实现"利用"和"保护"。

不同研究者的研究角度虽然不同,但是总体而言,在其理论中都或多或少提出了水健康循环、水资源、水环境承载力与再生水回用之间的密切关系,同时还涉及构建水健康循环系统、承载力提升的关键内容,即要求在水社会循环中统筹管理,减少取水量,进行水资源的再生循环利用,降低污染负荷,确保生态环境用水,使河流湖泊恢复清澈。

西北地区经济普遍落后,水资源不足是无法改变的客观情况,生态用水不能完全得到保障,再生水是良好的资源补充和环境污染得到缓解的途径。但同时城市再生水利用受到经济、社会发展的约束大。根据西北干旱半干旱地区的地域、社会特点以及再生水资源的特殊性,寻求与西部经济和社会发展水平、调控能力相适应的水资源再生利用策略,将城市水系统的健康循环与城市水系统构建、城市水环境保护、城市水生态维系以及下游河道生态用水保障联系起来,一方面构建与优化节制用水城市水系统,另一方面使再生水回用在水自然循环与社会循环中的纽带作用形成,良性循环,最后将水生态恢复与水环境健康作为终极落脚点,构成完整的城市水系统健康循环,以提高水资源、水环境承载力,使水资源约束下的干旱区城市可持续发展。

第 3 章　干旱区健康水循环评价及应用

水循环是地球上一个重要的自然过程,是地理环境中最主要的物质循环[115]。水循环维持着地球上各水体之间的动态平衡,使淡水资源不断更新。水循环本是一种自然现象,随着人类活动的影响增大,人类活动已经渗透并严重干扰自然水循环各个过程,使现代环境下的水循环呈现出明显的“自然-社会”二元特性[1,27]。因此水循环也被赋予了更丰富的内涵,表现出自然和社会二重属性。水短缺、水污染、水危机等问题不同程度影响水循环的健康状态。对区域的健康水循环状态进行客观评价可以进一步明确区域水循环存在的问题,确定调控短板。

3.1　健康水循环评价体系的建立——以银川市为例

3.1.1　旱区健康水循环评价内涵

国外研究者认为健康的城市水循环的每一个环节都属于城市水循环,这种健康的城市水循环主要表现为正常的水体组分、健全的水体功能、循环过程的完整性、加强水资源的保护、重视污水处理与回用[14-15]。Merrett 提出了“Hydrosocial-Cycle”概念,参考城市水循环模型,构建了简要的社会水循环模型[14-15]。Y. M. Jia[118]、M. Sivapalan 等[119]将水循环分为自然和社会两个方面,并提出了人类(社会)系统和自然系统耦合的概念。

在健康水循环评价方面,大多数研究者还是从健康水循环的基本理念出发,基于构建指标体系进行评价。张杰等[120]提出的健康水循环的概念包括:水资源开发利用过程中遵循水的自然生产、水体自净和循环的规律,保障社会循环不损害自然循环的客观规律,从而维系自然水循环和社会水循环的健康运行或水环境保持自然平衡,实现水资源的可持续利用。莫谋谋[121]对重庆市两江新区从水平衡、需水预测、健康度评价等方面进行分析,表明两江新区存在供排不平衡,系统内部漏损量以及系统内部自身消耗量较大等社会水健康循环问题。范威威[46]则综合考虑了水生态水平、水资源丰度、水资源质量、水资源利用等,对京津冀地区水循环进行了健康诊断。栾清华[42]以水循环的供水、用水、排水、回用四个环节作为四个准则层,构建了基于关键绩效指标的天津市水循环健康评价方法,指出城镇废污水集中处理率、III类水质以上河长的比例是影响城市水循环中"排水维度层"及天津市水循环综合状况的关键指标,应通过河湖治理、污水处理设施升级改造等一系列举措,促进区域水循环健康运行。

现代健康水循环理念应考虑社会水循环不仅仅是和自然水循环协调,二者更要有机结合并相互联系、相互作用,使得水循环中的每一个过程都保持健康。即水生态水平体现全面性、水环境质量安全健康、水资源利用做到高效节约、水资源丰度做到开发合理。因此保证水循环的健康首先要减少水体污染,使河湖水质受到污染后拥有较强的恢复能力,同时要维持河流生态的基本流量,保障水生态文明建设以及水体功能正常化;其次要有充足的水资源可供人类使用,生活用水、工业用水、农业用水得到保障,保障社会的长远发展;最后是合理科学地使用水资源,保持水资源的高效利用,对污水要集中处理并扩大再生水回用规模。基于以上理念,充分考虑干旱区的水资源禀赋条件和生态环境特点,本书从水资源丰度、水环境质量、水资源利用、水生态水平四个方面建立指标体系,以银川市为例,进行健康水循环评价研究。

3.1.2　研究区域概况

银川市是西北地区重要城市,总面积 9 025.38 km²,建成区面积 196.05 km²,下辖兴庆区、金凤区、西夏区、永宁县、贺兰县和灵武市。黄河流经银川市 80 多公里,南北贯穿。银川平原引用黄河水自流灌溉已有两千多年的历史。引黄干渠有唐徕渠、汉延渠、惠农渠、西干渠等,年引水量达数十亿立方米。配套排灌干支斗渠千余条,长数千公里,形成灌有渠、排有沟的完整的灌排水体系,保障了 13 万多公顷农田的灌溉用水。

3.1.3　水资源现状

（1）水资源丰度

银川市地处温带大陆性气候,昼夜温差大,雨雪稀少,蒸发强烈,气候干燥,风大沙多等。年平均降水量约 200 mm,蒸发量约 1 900 mm。多年平均水资源总量为 10 亿 m³,人均水资源量为 960 m³,仅为全国水平的 1/2,是我国缺水最为严重的地区之一。银川地区水资源短缺问题显著,水资源是银川市经济发展的最大短板。

（2）水环境质量

长期以来,由于工农业发展、城镇化加速、气候变化等而大量开采地下水和截留储蓄地表水,致使银川市地下水位持续下降,地下漏斗面积不断增大,也引起区域地表湖泊水体自净能力持续降低。

(3) 水资源利用

银川市属于典型的资源型缺水区域,还具有季节性、地区性缺水的特点。现阶段,银川地区人均日生活用水量维持在 $153\sim213$ m^3,万元工业增加值取水量为 $28\sim52$ m^3,水资源利用水平仍有提升空间。

(4) 水生态水平

银川市水生态环境发展良好。据资料统计,2017 年银川市城市绿地率、绿化覆盖率、人均公园绿地面积分别为 40.99%、41.03%、16.57 m^2;重要水功能区水质达标率 100%、水土流失治理率 73.8%、地下水漏斗水位由 21.26 m 恢复到 18.26 m。银川市湖泊湿地面积由 2002 年的 3.2 万 ha 增大至 2018 年的 5.31 万 ha,湖泊补水水源为黄河水和农田退水,3 个区主要湖泊 2018 年补水量约为 1.0 亿 m^3,其中中心城区补水量超过 5 000 万 m^3。

3.1.4 健康循环指标构建

城市水循环健康评价体系是一个复杂的系统,由多个要素构成,需要将多个指标有机结合起来,既要客观有效地反映研究区域水循环的健康程度,又要显示研究区域水循环健康的主要特点。基于自然-社会二元水循环理论,结合银川市水资源实际状况及资料收集情况,从水生态水平、水资源质量、水资源丰度、水资源利用 4 个维度设计 15 个指标,构建水循环健康指标评价体系。即水生态水平要具有完整性、水环境质量要安全健康、水资源利用做到高效节约、水资源丰度做到开发合理。

(1) 水生态水平

水生态水平是健康水循环系统中的一个重要组成部分,代表水生态文明建设水平,体现了水循环的自然属性。

① 城镇绿化覆盖率:城市绿化覆盖率是城市各类型绿地绿化垂直投影面积占城市总面积的比率,反映区域的绿化程度。

$$Cov = \frac{Ga}{Ta} \tag{3-1}$$

式中 Cov——建成区绿化覆盖率;

   Ga——绿化面积;

   Ta——建成区面积。

② 地下水埋深变化量:指区域地下水开采现状及动态变化趋势,可反映地下水供水条件下地下水是否可以满足可持续发展的要求。

$$\Delta D_{ep} = D_{i+1} - D_i \qquad (3\text{-}2)$$

式中　ΔD_{ep}——区域地下室埋深变化量；

D_{i+1}——第 $i+1$ 年地下水埋深；

D_i——第 i 年地下水埋深。

③ 生态需水保证率：指生态补水量和生态需水量的比值，可反映区域生态用水是否能够得到满足。

（2）水环境质量

水环境质量是评价健康水循环不可缺少的组成部分，能够反映研究区域内水源的安全性、水质合格率以及水功能区达标率。水功能区可以体现特定区域内水资源的自然状况和开发现状，体现了水循环的自然属性和社会属性。

① 水功能区达标率：水功能区达标个数与水功能区总数的比值，可反映水环境保护目标实现程度。

② 供水管网水质合格率：指供水合格时间与总供水时间的比值，可反映水利用过程的水质保障情况。

③ 集中式水源地安全保障达标率：指区域内集中式饮用水水源地安全保障达标个数与总个数的比值，可反映区域水源的供水安全，包括水量和水质两个方面。

（3）水资源丰度

水资源丰度代表研究区域内水资源的富集和丰富程度。

① 人均水资源量：为水资源总量和人口数量的比值。人均水资源量可以体现当地可用水资源的匮乏度。

$$\text{Per} = \frac{\text{Tol}}{\text{pou}} \qquad (3\text{-}3)$$

式中　Per——人均水资源量；

Tol——水资源总量；

pou——人口数量。

② 地下水占供水比例：地下水供水量与总供水量的比值，反映供水对地下水的依赖程度。若地下水不合理开采，则会造成严重的生态问题。

$$D_{sup} = \frac{a}{T_{sup}} \qquad (3\text{-}4)$$

式中　D_{sup}——地下水量占总供水量的比例；

a——地下水供水量；

T_{sup}——总供水量。

③ 水源多样性：代表城市居民用水来源的种类。区域必须保持水源多样性，反映区域水源的多样互补性。

（4）水资源利用

水资源利用水平代表水循环的社会属性。水资源利用包括供水、用水、污水处理回用等过程。城镇自来水普及率和公共管网漏失率分别体现了水源供水和输水效率。污水再生回用率和工业万元增加值（用水量）分别从节水水平和工业水平反映水资源的利用效率。污水处理率体现了污水治理能力和水资源充分利用能力。

① 工业万元增加值（用水量）：指区域万元工业增加值用水量（采用当年价计算）与当年区域总万元工业增加值用水量的比值。

$$lavw = \frac{lwc}{lav} \qquad (3\text{-}5)$$

式中　lavw——万元增加值用水量；

　　　lwc——万元工业增加值用水量；

　　　lav——工业增加值。

② 城市公共管网漏失率：指管网漏水量与供水总量之比。这是一个衡量供水系统供水效率的指标。

③ 污水处理率：指城市集中处理的污水量与所产生污水总量的比值，反映了排放的废污水的处理情况。

④ 污水再生回用率：指经水处理后可回用的总水量与进入水处理的总水量的比值，反映了区域再生水的使用量。

⑤ 排水管道密度：指建成区内排水管道分布的疏密程度，反映了区域排水管网的布设情况。

$$P = \frac{L}{A} \times 100\% \qquad (3\text{-}6)$$

式中　P——排水管道密度；

　　　L——排水管道长度；

　　　A——建成区面积。

⑥ 城镇自来水普及率：指供水普及人口数量与城市总人口之比，是用来反映城市供水覆盖范围内城市供水普及的平均水平指标。

具体的指标体系如图 3-1 所示。

3.1.5　评价标准确定

制定评价指标的健康标准是整个水循环系统健康评价的关键，本书通过查阅文献、参考国家标准等方式确定健康等级阈值。将健康等级标准划分成五个等级，即非常健康、健康、亚健康、病态、严重病态，具体情况见表 3-1。

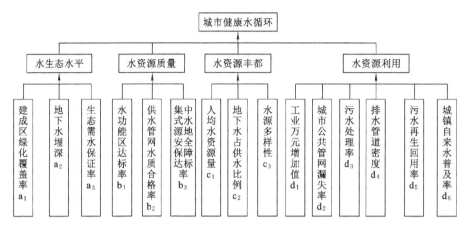

图 3-1　水循环健康评价指标体系

表 3-1　评价指标健康等级阈值

维度层	指标层	单位	指标阈值				
			非常健康	健康	亚健康	病态	严重病态
			5	(5,4]	(4,3]	(3,2]	(2,1]
水生态水平	a_1	%	≥50	(50,40]	(40,30]	(30,20]	≤20
	a_2	m	≤−1.5	(−1.5,0]	(0,1.5]	(1.5,2]	(2,3]
	a_3	%	100	(100,90]	(90,50]	(50,30]	≤30
水环境质量	b_1	%	100	(100,80]	(80,50]	(50,30]	(30,0]
	b_2	%	100	(100,98]	(98,95]	(95,90]	<90
	b_3	%	100	(100,95]	(95,90]	(90,80]	<80
水资源丰度	c_1	m³/人	>3 000	[3 000,2 000]	[2 000,1 000]	[1 000,500)	≤500
	c_2	%	≤15	(15,25]	(25,40]	(40,50]	>50
	c_3	个	5	4	3	2	1
水资源利用	d_1	m³/万元	≤10	(10,20]	(20,35]	(35,50]	>50
	d_2	%	<5	(5,10]	(10,15]	(15,20]	>20
	d_3	亿 m³	100	(100,95]	(95,80]	(80,70]	<70
	d_4	km/km²	>15	[15,12]	[12,9]	[9,6]	≤6
	d_5	%	[100,80)	[80,60]	[60,50]	[50,20]	<20
	d_6	%	100	(100,95]	(95,85]	(85,70]	<70

3.1.6　评价方法

本研究采用主客观相结合的方法确定城市水循环健康评价体系的指标权重[122]。首先利用层次分析法和熵权法分别计算指标权重,然后再利用最小信息熵原理将两种方法的权重组合计算组合权重[123]。

3.1.6.1　层次分析法

层次分析法是一种常用的定性和定量相结合的、系统的、层次化的分析方法[124]。这种方法的特点是在对复杂决策问题的本质、影响因素及其内在关系等进行深入研究的基础上,利用较少的定量信息使决策的思维过程数学化,从而为多目标、多准则或无结构特性的复杂决策问题提供简便的决策方法。具体操作如下。

（1）建立层次模型:基于理论基础构建层次性的评价体系与模型。

（2）构建判断矩阵:对同层次指标间相对重要性两两比较的集合。其原始数据来源于专家咨询,即专家通过"1-9 标度法"对所有指标进行两两相对重要性赋值(表 3-2),进而通过矩阵计算获得各项指标的权重。

表 3-2　比较标度含义

标度	含义
1	表示两个元素相比,具有同样重要性
3	表示两个元素相比,前者比后者稍重要
5	表示两个元素相比,前者比后者明显重要
7	表示两个元素相比,前者比后者强烈重要
9	表示两个元素相比,前者比后者极端重要
2、4、6、8	表示上述相邻判断的中间值

（3）计算单层指标权重:分层次分别计算各层的指标权重。

（4）一致性检验:由于层次分析法受专家主观经验的影响较强,同一位专家的前后判别可能存在较大的矛盾,故而在采纳判断矩阵所得到的权重之前,需要对判断矩阵的一致性进行检验(表 3-3)。

表 3-3　平均随机一致性 RI 一览表

维度	1	2	3	4	5	6	7	8	9
RI	0.00	0.00	0.58	0.90	1.12	1.24	1.32	1.41	1.45

3.1.6.2　熵权法

熵权法是一种客观赋权法,因为它仅取决于数据自身的离散性[125]。根据熵的特性,可以通过计算熵值来判断一个事件的随机性和无序程度,也可以用熵值来判断某个指标的离散程度,指标的离散程度越大,该指标对综合评价的影响(权重)越大。

熵权法的计算过程如下。

假设评估系统中含有 m 个评估指标和 n 个评价对象,则形成原始数据矩阵 $\boldsymbol{R} = (r_{ij})_{m \times n}$,对第 i 个指标的熵定义为:

$$H_i = -k \sum_{j=1}^{n} f_{ij} \ln f_{ij} \quad (i = 1, 2, \cdots, m; j = 1, 2, \cdots, n) \tag{3-7}$$

式中,$f_{ij} = \dfrac{r_{ij}}{\sum_{j=1}^{n} r_{ij}}$,$k = \dfrac{1}{\ln n}$,当 $f_{ij} = 0$ 时,令 $f_{ij} \ln f_{ij} = 0$,f_{ij} 为第 i 个指标下第 j 个评价对象占该指标的比重;n 为评价对象的个数;H_i 为第 i 个指标的熵。

定义第 i 个指标的熵之后,将第 i 个指标的熵权定义为:

$$w_{2i} = \frac{1 - H_i}{\sum_{i=1}^{m} H_i} \tag{3-8}$$

式中,$0 \ll w_{2i} \ll 1$,$\sum_{i=1}^{m} wi = 1$。H_i 为第 i 个指标的熵;m 为评价指标的个数;w_{2i} 为第 i 个指标的熵权。

3.1.6.3　层次分析法-熵权法

将采用层次分析法根据专家意见得到的主观权重和采用熵权法得到的客观权重结合,最后算出二者的综合权重。根据最小相对信息熵原理,用拉格朗日乘子法优化可得到组合权重,公式如下:

$$w_i = \frac{(w_i' \cdot w_i'')^{0.5}}{\sum_{i=1}^{n} (w_i' \cdot w_i'')^{0.5}} \quad (i = 1, 2, \cdots, n) \tag{3-9}$$

式中,w_i' 为采用层次分析法所得第 i 个指标权重;w_i'' 为采用熵权法所得第 i 个指标权重;w_i 为第 i 个指标组合权重。

3.1.6.4　综合指数法

本书在采用层次分析法和熵权法计算出综合权重后,采用综合指数法计算其健康得分,来评价银川市水循环健康程度,公式如下:

$$H = \sum_{i=1}^{n} h_i w_i \quad (i = 1, 2, \cdots, n) \tag{3-10}$$

式中,H 为评价总得分;h_i 为每个指标的健康分数;w_i 为每个指标对应的权重。

3.1.7　评价数据来源

根据银川市水资源的特点,本研究针对银川市水循环健康主要收集了两类数据:一类为水资源数据,包括生态需水达标率、集中式饮用水水源达标率、人均水资源量、水源多样性、工业万元增加值(用水量)、地下水埋深变化量、地下水占供水比例等数据,主要来源于 2009—2017 年的《宁夏水资源公报》。第二类数据主要反映生态环境状况、水资源利用效率等,包括建成区绿化覆盖率、供水管网水质合格率、城市公共管网漏失率、污水处理率、排水管道密度、污水再生回用率、城镇自来水普及率等。数据来源为 2009—2017 年的《银川市统计年鉴》以及2009—2017 年的《宁夏统计年鉴》。层次分析法利用 yaahp 软件计算完成,熵权法利用 MATLAB 软件计算完成。

3.1.8　评价过程

3.1.8.1　采用层次分析法计算权重

（1）构造层次结构图

根据前文选取的银川市水循环健康评价指标体系,以银川市水循环健康为目标层,以水生态水平、水环境质量、水资源丰度、水资源利用四个维度为准则层,以评价指标为指标层构建递阶层次结构,见表 3-4。

表 3-4　银川市水循环健康评价体系

目标层	维度层	指标层	属性
城市健康水循环	水生态水平（A）	建成区绿化覆盖率（a_1）	自然
		地下水埋深变化量（a_2）	自然
		生态需水保证率（a_3）	自然
	水环境质量（B）	水功能区达标率（b_1）	自然
		供水管网水质合格率（b_2）	社会
		集中式饮用水水源达标率（b_3）	社会
	水资源丰度（C）	人均水资源量（c_1）	自然
		地下水占供水比例（c_2）	社会
		水源多样性（c_3）	社会

表3-4(续)

目标层	维度层	指标层	属性
城市健康水循环	水资源利用(D)	工业万元增加值(用水量)(d_1)	社会
		城市公共管网漏失率(d_2)	社会
		污水处理率(d_3)	社会
		排水管道密度(d_4)	社会
		污水处理回用率(d_5)	社会
		城镇自来水普及率(d_6)	社会

（2）构造判断矩阵

邀请专家与学者对各个评价指标的相对重要程度进行评判打分,专家通过对同层级指标进行9标度两两重要性比较,可得到原始的判断矩阵。若以其中1号专家的问卷为例,对准则层的判断矩阵见表3-5。

表 3-5　1 号专家对健康水环境指标层的判断矩阵

	A	B	C	D
A	1	2	2	3
B	1/2	1	1	2
C	1/2	1	1	2
D	1/3	1/2	1/2	1

（3）计算单层指标权重值

如下文矩阵所示,首先对判断矩阵的列向量进行归一化处理,横向求和后进行二次归一化。可见水生态水平、水环境质量、水资源丰度、水资源利用等指标的权重分别为 0.423、0.227、0.227、0.123。

$$\text{归一化：}\begin{bmatrix}0.429 & 0.444 & 0.444 & 0.375\\0.214 & 0.222 & 0.222 & 0.250\\0.214 & 0.222 & 0.222 & 0.250\\0.143 & 0.111 & 0.111 & 0.125\end{bmatrix}\rightarrow\text{求和：}\begin{bmatrix}1.692\\0.909\\0.909\\0.490\end{bmatrix}\rightarrow\text{归一化：}\begin{bmatrix}0.423\\0.227\\0.227\\0.123\end{bmatrix}$$

（4）一致性检验

在上述基础上,对判断矩阵的一致性进行检验。由于最大特征根 λ_{max} 为 4.010,则 CI＝(4.010－4)/(4－1)＝0.003。行列数为 4,则 RI 值取 0.90,则 CR＝0.003/0.90＝0.003。这说明 1 号专家对准则层判断矩阵的一致性较高,即上述矩阵所得权重具有较高的可信度。

（5）权重结果汇总

采用相同步骤，1 号专家对其余 4 个指标层的判断矩阵汇总如下，计算中参考实际情况，采用"最小改变法"对原始矩阵进行调整以确保范围一致，见表 3-6 至表 3-9。

表 3-6　1 号专家对水生态水平 A 的判别矩阵

	a_1	a_2	a_3	权重	λ_{max}	CI	CR
a_1	1	1/3	1/3	0.142			
a_2		1	1/2	0.334	3.054	0.027	0.052
a_3			1	0.524			

表 3-7　1 号专家对水环境质量 B 的判别矩阵

	b_1	b_2	b_3	权重	λ_{max}	CI	CR
b_1	1	3	1	0.429			
b_2		1	1/3	0.143	3.000	0.000	0.000
b_3			1	0.428			

表 3-8　1 号专家对水资源丰度 C 的判别矩阵

	c_1	c_2	c_3	权重	λ_{max}	CI	CR
c_1	1	3	3	0.589			
c_2		1	1/2	0.159	3.054	0.027	0.052
c_3			1	0.252			

表 3-9　1 号专家对水资源利用 D 的判别矩阵

	a_1	a_2	a_3	a_4	a_5	a_6	权重	λ_{max}	CI	CR
d_1	1	2	1/3	2	1/2	2	0.155			
d_2		1	1/3	1/2	1/3	1/2	0.071			
d_3			1	3	3	2	0.339	6.278	0.056	0.044
d_4				1	1/2	1/2	0.097			
d_5					1	2	0.205			
d_6						1	0.133			

综合来看，1 号专家对城市健康水循环评价体系中的 5 项判断矩阵的结果合理。按照相同方式，对另外三位专家的问卷打分采用和 1 号专家的相同方法

进行统计计算,汇总求各指标权重的算术平均值。指标层平均权重见表 3-10,求和可知水生态水平 A、水环境质量 B、水资源丰度 C、水资源利用 D 等准则层的平均权重分别为 0.357、0.244、0.257、0.143。

表 3-10 城市健康水循环评价体系权重汇总表

准则层	指标层	1 号	2 号	3 号	4 号	平均权重
水生态水平(A)	建成区绿化覆盖率(a_1)	0.060	0.105	0.044	0.020	0.057
	地下水埋深变化量(a_2)	0.141	0.043	0.044	0.013	0.060
	生态需水保证率(a_3)	0.221	0.411	0.217	0.107	0.239
水环境质量(B)	水功能区达标率(b_1)	0.097	0.249	0.151	0.026	0.131
	供水管网水质合格率(b_2)	0.036	0.039	0.030	0.064	0.042
	集中式饮用水水源达标率(b_3)	0.097	0.023	0.151	0.011	0.071
水资源丰度(C)	人均水资源量(c_1)	0.134	0.036	0.037	0.137	0.086
	地下水占供水比例(c_2)	0.035	0.012	0.015	0.216	0.070
	水源多样性(c_3)	0.057	0.005	0.005	0.338	0.101
水资源利用(D)	工业万元增加值(d_1)	0.019	0.040	0.023	0.017	0.025
	城市公共管网漏失率(d_2)	0.009	0.005	0.058	0.010	0.021
	污水处理率(d_3)	0.042	0.006	0.017	0.021	0.022
	排水管道密度(d_4)	0.012	0.002	0.011	0.006	0.008
	污水再生回用率(d_5)	0.025	0.015	0.101	0.009	0.038
	城镇自来水普及率(d_6)	0.015	0.009	0.096	0.005	0.031

3.1.8.2 采用熵权法计算权重

借助 MATLAB 软件计算得到采用熵权法时各评价指标的权重,见表 3-11。

表 3-11 采用熵权法计算的权重

维度层	维度层权重	指标层	指标层权重
水生态水平(A)	0.155	建成区绿化覆盖率(a_1)	0.060
		地下水埋深变化量(a_2)	0.058
		生态需水保证率(a_3)	0.037

表3-11(续)

维度层	维度层权重	指标层	指标层权重
水环境质量(B)	0.149	水功能区达标率(b_1)	0.095
		供水管网水质合格率(b_2)	0.027
		集中式饮用水水源达标率(b_3)	0.027
水资源丰度(C)	0.272	人均水资源量(c_1)	0.119
		地下水占供水比例(c_2)	0.058
		水源多样性(c_3)	0.095
水资源利用(D)	0.424	工业万元增加值(d_1)	0.046
		城市公共管网漏失率(d_2)	0.066
		污水处理率(d_3)	0.032
		排水管道密度(d_4)	0.193
		污水再生回用率(d_5)	0.058
		城镇自来水普及率(d_6)	0.029

3.1.8.3　组合权重

为消除采用层次分析法求得权重的主观性影响及采用熵权法求得权重的客观性影响,本书根据最小相对信息熵原理[式(3-9)]计算二者权重的综合值,见表 3-12。

表 3-12　采用层次分析法-熵权法计算权重

指标层	层次分析法权重	熵权法权重	组合权重
建成区绿化覆盖率(a_1)	0.057	0.060	0.066
地下水埋深变化量(a_2)	0.060	0.058	0.067
生态需水保证率(a_3)	0.239	0.037	0.107
水功能区达标率(b_1)	0.131	0.095	0.127
供水管网水质合格率(b_2)	0.042	0.027	0.039
集中式饮用水水源达标率(b_3)	0.071	0.027	0.050
人均水资源量(c_1)	0.086	0.119	0.115
地下水占供水总量比例(c_2)	0.070	0.058	0.073

表3-12(续)

指标层	层次分析法权重	熵权法权重	组合权重
水源多样性(c_3)	0.101	0.095	0.111
工业万元增加值(d_1)	0.025	0.046	0.039
城市公共管网漏失率(d_2)	0.021	0.066	0.043
污水处理率(d_3)	0.022	0.032	0.030
排水管道密度(d_4)	0.008	0.193	0.045
污水再生回用率(d_5)	0.038	0.058	0.054
城镇自来水普及率(d_6)	0.031	0.029	0.034

3.1.9 结论及讨论

3.1.9.1 指标层健康状况分析

为了进一步了解银川市水循环健康状况,计算各指标2009—2017年的健康得分,并采用综合指数法计算各维度健康得分及各年份的综合得分,从指标、维度、年份三个方面对水循环健康状态进行评价。对2009—2017年银川市水循环健康评价各指标进行标准化无量纲处理,得出健康评价指标得分,见表3-13和图3-2。

表 3-13　2009—2017 年银川市水循环健康评价指标得分

维度	指标	2009年	2010年	2011年	2012年	2013年	2014年	2015年	2016年	2017年
A	a_1	4.30	4.30	4.32	4.17	4.11	4.04	4.09	4.15	4.21
	a_2	3.03	4.97	4.97	4.96	4.91	4.94	4.99	4.98	4.93
	a_3	3.95	5.00	5.00	5.00	5.00	4.30	5.00	3.78	5.00
B	b_1	3.00	3.00	3.00	5.00	5.00	5.00	5.00	5.00	5.00
	b_2	4.50	5.00	5.00	5.00	5.00	5.00	5.00	5.00	5.00
	b_3	4.80	5.00	5.00	5.00	5.00	5.00	5.00	5.00	5.00
C	c_1	2.97	2.63	2.32	2.99	2.20	2.20	2.21	2.77	2.49
	c_2	5.00	5.00	5.00	5.00	5.00	5.00	5.00	5.00	5.00
	c_3	2.00	2.00	2.00	2.00	3.00	3.00	3.00	3.00	3.00

表 3-13（续）

维度	指标	2009 年	2010 年	2011 年	2012 年	2013 年	2014 年	2015 年	2016 年	2017 年
D	d_1	1.00	2.90	2.40	2.60	2.50	1.00	3.73	3.20	3.00
	d_2	4.96	3.04	4.98	3.02	3.34	3.30	3.68	3.68	3.09
	d_3	3.47	3.79	3.80	3.80	3.87	3.87	3.92	4.04	4.06
	d_4	1.63	1.62	1.68	1.67	1.67	1.70	1.67	2.55	2.64
	d_5	1.21	1.32	1.43	1.66	1.66	1.86	1.77	1.97	2.01
	d_6	4.90	4.90	3.00	4.26	4.46	4.20	4.20	4.20	4.20

图 3-2　2009—2017 年银川市水循环指标健康图解

由图 3-2 可知指标总体变化大致上有以下三种规律：

① 指标状态在 2009—2017 年保持不变。供水管网水质合格率 b_2 和地下水占供水总量比例 c_2 以及集中式饮用水水源达标率 b_3 一直处于非常健康的状态。地下水占供水总量比例在某种程度上可以体现城市供水对地下水的依赖水平。根据《宁夏水资源公报》，黄河水源占银川市总供水量的 89.9%，而地下水仅占 8.4%，地下水并未处于大面积超采状态。银川市地下水的开采量和补给量处于基本平衡状态，对于地区可持续发展来说意义重大。银川市集中式饮用水水源达标率处于非常健康状态，代表用水水源地得到了很好的保护。供水管网水质合格率一直处于非常健康状态，表明银川市生活饮用水水质既安全又稳定。城镇公共自来水普及率 d_6 除了 2011 年以外，均处于健康状态。同样表现为健康状态的还有建成区绿化覆盖率 a_1，表明城镇绿化工作取得了比较满意的成果。地下水埋深变化量 a_2 除 2009 年处于亚健康状态外，其余年份均处于健

康状态。根据当年的水资源公报,该年降水总量较多年平均值少19%,较上年少6%,属于偏枯年,导致地下水资源减少,最终处于亚健康状态。人均水资源量 c_1 一直处于病态状态,人均水资源量为全国平均水平的1/3,为重度缺水城市。水资源短缺成为银川市经济发展的瓶颈,如何统筹解决水资源供需矛盾,应重点关注。

② 指标状态在2009—2017年由"差"变"好"。水功能区达标率 b_1、排水管道密度 d_4、污水再生回用率 d_5、工业万元增加值(用水量) d_1、污水处理率 d_3、水源多样性 c_3 等指标整体上逐年向更健康的状态发展。其中水功能区达标率 b_1、污水处理率 d_3 均是由亚健康向健康转变。根据水资源公报,水功能区达标率在2009—2011年仅为50%,而自2012年起,重要水功能区达标率达到了100%。水功能区达标率和污水处理率的升高表明银川市水污染防治和防污减排工作取得了明显的效果。至于排水管道密度,部分发达国家达到15 km/km² 以上,而银川市的排水管道密度在2017年达到最高值7.91 km/km²,与发达国家有一定的差距。污水再生回用率 d_5 在2009—2016年期间处于严重病态状态,在2017年转变为病态状态。2017年银川市污水再生回用量为0.111亿 m³,与用水量相比,利用程度较低。受再生水管线等配套设施不完善及利用方式单一影响,污水再生回用量低。2019年银川市政府投资15亿元兴建银川市第一再生水厂,项目建成后将城市再生水回用率从14%提高到30%,对实现污水循环利用和降低对环境污染具有重大的意义。生态需水保证率 a_3 情况较为特殊,2009年和2016年处于亚健康状态,2014年处于健康状态,其余年份均处于非常健康状态。生态需水保证率可以体现生态需水的保障程度,目前银川市主要河湖泊的需水保障程度并不稳定,应采取相关措施提升生态水量保障能力。

③ 指标状态在2009—2017年由"好"变"差"。城市公共管网漏失率 d_2 总体上呈现由健康向亚健康转变的趋势。公共管网漏失率的升高会造成水资源严重浪费,因此要加强对城市供水管网的管理,最大限度地减少明漏、暗漏损失。

3.1.9.2 维度层健康结果分析

根据图3-3所示各指标逐年健康评价结果以及表3-12所列权重值,评价得出2009—2017年银川市水循环维度健康状况,见表3-14、图3-3和图3-4。从总体来说,水生态水平和水环境质量处于上升趋势,水资源利用是先上升后下降,而水资源丰度处于较为稳定的状态。水环境质量多年平均得分最高,且整体得分较为稳定,处于健康状态。水资源丰度在2010—2011年处于病态状态,其余年份均处于亚健康状态。水资源利用多年平均得分最低,在 2009—2013 年均处于病态状态,在 2014—2017 年处于亚健康状态。水生态水平则整体处于健康状态。

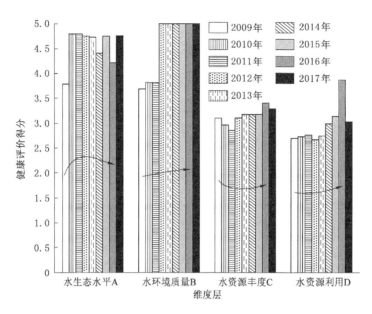

图 3-3 2009—2017 年银川市水循环健康评价维度得分变化趋势

由图 3-4 可以看出:水资源丰度的健康得分在 2009—2011 年一直处于下降状态,在 2011 年达到最低值 2.86 分,2010 年和 2011 年处于病态。人均水资源的下降是水资源丰度得分下降的主要原因。2011 年之后略有上升,2016 年达到最高值 3.4 分,之后处于稳定状态。水资源利用平均得分最低,呈现先上升后下降的趋势,2016 年达到最高值,随后 2017 年略微下降,2009—2013 年处于病态状态,2014—2017 年处于亚健康状态。污水再生回用率的不健康状态严重影响整个水资源利用维度。随着银川市污水再生回用率的提高,水资源利用也会向着越来越健康的状态发展。水生态水平仅在 2009 年处于亚健康状态,其余年份均处于健康状态。在 2014 年和 2016 年健康得分略微下降,是生态需水保证率的下降导致其下降。银川市应在提高生态需水保证率方面积极开展工作。水环境质量是四个维度中表现最均衡的,一直处于健康状态,主要得益于此维度的指标的健康状态一直良好。

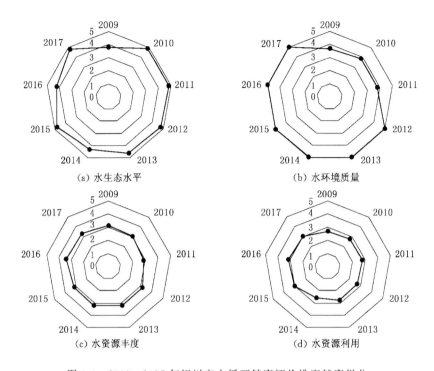

（a）水生态水平　　　　　　　　（b）水环境质量

（c）水资源丰度　　　　　　　　（d）水资源利用

图 3-4　2009—2017 年银川市水循环健康评价维度健康得分

表 3-14　2009—2017 年银川市水循环健康评价维度得分

维度层	2009 年	2010 年	2011 年	2012 年	2013 年	2014 年	2015 年	2016 年	2017 年	平均值
水生态水平 A	3.79	4.80	4.80	4.76	4.73	4.41	4.75	4.22	4.76	4.56
水环境质量 B	3.69	3.82	3.82	5.00	5.00	5.00	5.00	5.00	5.00	4.59
水资源丰度 C	3.11	2.97	2.86	3.11	3.18	3.18	3.18	3.40	3.29	3.14
水资源利用 D	2.70	2.73	2.76	2.67	2.75	3.00	3.14	3.87	3.03	2.81

3.1.9.3　综合健康评价结果与分析

在水循环各指标和维度评价的基础上，利用综合指数法计算综合得分，对 2009—2017 年银川市水循环健康逐年进行诊断，各年总体得分及逐年的发展趋势见表 3-15 和图 3-5。

表 3-15　2009—2017 年银川市水循环健康评价综合结果

年份	健康分值	健康排名	健康等级	健康趋势
2009 年	3.30	9	亚健康	
2010 年	3.54	7	亚健康	↗
2011 年	3.51	8	亚健康	↘
2012 年	3.81	5	亚健康	↗
2013 年	3.84	4	亚健康	↗
2014 年	3.71	6	亚健康	↘
2015 年	3.91	2	亚健康	↗
2016 年	3.88	3	亚健康	↘
2017 年	3.95	1	亚健康	↗

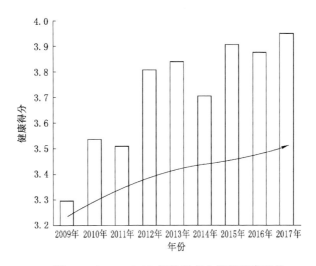

图 3-5　2009—2017 年银川市水循环健康评价

从综合健康得分结果来看,银川市水循环健康并不理想,综合健康得分不高,其根本原因是污水再生回用率在 2009—2016 年处于严重病态,严重降低了水资源利用维度健康得分。而水资源利用维度作为权重最大的维度层,使得综合健康平均得分较低。

银川市在 2009—2017 年期间均处于亚健康状态,其中 2009 年和 2011 年的健康分值最低,排名倒数。从 2011 年起,健康得分在总体上呈上升趋势,到 2017 年达到最高值,十分接近健康状态。结合图 3-4 和表 3-15 分析 2014 年得分下降的原因。在 2014 年期间,除了部分指标一直处于同一状态外,建成区绿化覆盖率、生态需水保证率、人均水资源量、工业万元增加值（用水量）均为9年来最差状态，直接导致2014年健康得分大幅度下降。提高水资源开发与利用的合理性是改善水循环各维度及整体健康的关键，也是构建银川市健康水循环系统的难点。

上述银川市2009—2017年的水循环维度评价和综合评价与银川市近年来的社会发展和一些水利政策密切相关。2017年银川市人口比2009年增加52万人，人口数量的大幅度增长必然会导致用水需求上升，导致银川市水资源的供需矛盾更加突出。宁夏回族自治区政府在2011年通过了《宁夏"十二五"水利发展规划》，提出了推进节水型社会建设、加强防洪减灾体系建设、突出民生水利薄弱环节建设、加快水土保持与河湖生态恢复等方面的主要任务，并实施了相应的工程建设与管理措施。一系列措施改善了银川市水循环健康状态，健康得分在2011年开始逐步上升。

3.1.9.4 各项结果对比分析

通过以上三个方面的分析，可以看出银川市水循环维度健康评价结果客观反映了不同因子对相应循环子过程甚至整个水循环过程的影响，具体分析如下。

① 水生态水平：从建成区绿化覆盖率、生态需水保证率、地下水埋深变化量三个方面分析银川市水循环健康水生态水平维度的健康水平。其中，建成区绿化覆盖率平均可达41%，超过了全国平均水平，处于较好的状态。实施地下水压采以来，改善了地下水超采的现状，使得地下水位得到一定程度的改善。生态需水保证率并不稳定，时好时坏。保障河流湖泊生态水量对于维护水安全和生态安全具有重要意义。

② 水环境质量：从水功能区达标率、供水管网水质合格率、集中式饮用水水源达标率三个方面来分析水环境质量维度的健康水平。饮用水水源以及供水管网水质都能长期处于健康甚至非常健康状态，这也是用水安全的必要保证。饮用水水源地的保护是一个城市极其重要的任务。从结果来看，银川市的饮用水水源安全基本可以得到保障，市民可以喝到安全优质的饮用水。水功能区达标率由"差"变"好"表明政府在治理水污染方面取得较好的成果。

③ 水资源利用：从工业万元增加值、城市公共管网漏失率、污水处理率、排水管道密度、污水处理回用率、城镇自来水普及率六个方面来分析水资源利用维度的健康水平。从这六个指标来看，工业万元增加值是造成水资源利用维度处于病态和亚健康状态的主要原因，说明工业方面的节水水平还有较大的提升空间。除此之外，提高再生水回用率也是提高水资源利用维度健康水平的重要手段。

④ 水资源丰度:从人均水资源量、地下水占供水总量比例、水源多样性三个方面来分析水资源丰度的健康水平。水源多样性还是比较单一,在极端干旱的年份,常规水源一旦不能正常供应,城市水资源将面临巨大的威胁。人均水资源量的不足也是水资源丰度处于亚健康状态的原因之一。

3.2　宁夏全区及五市水循环健康状况分析

目前的水循环健康评价并没有统一的内涵和指标,大部分研究还是基于地区特点和已有研究区域的情况,初步筛选指标。为了进一步全面了解宁夏全区及五市的健康水循环状态,特收集 2010—2018 年的相关基础数据资料,结合区域水资源实际状况,利用主成分分析法对宁夏及五市水循环健康状况进行评价,详细分析区域水环境及水资源基础条件的变化对水循环健康的影响及宁夏五市的空间分布差异。考虑银川市数据较丰富,而其他地区由于指标数据的不完整,因此筛选出 15 个评价指标,和上文中的评价指标略有差别,以地下水开采利用率替换了地下水埋深、生态投资率替换生态需水、亩均水资源量替换水源多样性、污水处理率替换供水管网水质合格率、排污水处理率替换供水管网水质合格率,在利用效率中,考虑农业用水占比高达 87%,增加了农业用水比例和农业亩均耗水量两个指标。

宁夏回族自治区是我国极度干旱缺水的省区之一,作为唯一全境属于黄河流域的省区,一方面,宁夏得黄河之利而久享盛名,黄河安澜则宁夏安康;另一方面,宁夏三面环沙,生态脆弱,由水短缺伴生的环境生态问题一直是区域亟待解决的问题。目前,宁夏被赋予建设黄河流域生态保护和高质量发展的先行区的重任,全区围绕生态环境保护及可持续发展积极开展研究,力求实现科学研究支撑科学决策,水健康循环状况研究是其中重要的研究课题。

水资源循环分为自然循环和社会循环。水的自然循环与社会循环相互影响,相互响应,要求人类社会对水资源的利用处于一个满足自然规律、符合人类需求的良性循环系统中。由此,张杰[35]最早提出了健康水循环的概念,建立了较为系统的城市水系统健康循环理论,提出合理科学地使用水资源,最大程度减少上游用水循环对下游水体功能的影响,使水的社会循环不干扰其自然循环,从而实现对水资源的可持续利用。首先要合理用水,确保国民在未来能够享受健全水循环带来的益处,其次要维持健全的水循环[126]。因此,要实现最佳的水循环,重点考虑水的数量、生态、水质和用水,在不同的区域考虑不同的问题,对不同情况下的水循环薄弱环节进行讨论。

在此基础上,国内外的研究一直都很活跃。在国际上,专家们从社会水循环不同方面来分析。J. Linton 等[14]更精确地定义了社会水循环的概念,并且提供了一个水政治生态的理论框架,以此来阐明水对社会结构和关系的塑造以及其在空间和时间上产生的影响。H. Furumai[116]分析了东京市的社会水循环,并指出雨水与再生废水对满足实现东京市可持续发展的重要作用。A. Viglione 等[127]以社会水循环为基础开展了减少洪水问题危险的研究。Z. M. Zhou 等[128]提出雨水回用并不会影响城市水循环,反而会控制雨水径流污染,缓解汛期下游地区河流洪峰流量,改善下游生态环境。S. H. Zhang 等[129]基于水循环主要存在的问题对北京市的水循环状况进行了分析,并寻找其造成差异的原因,同时基于最佳水循环的定义建立模型对京津冀地区的水资源承载力进行分析。王富强等[130]阐释了区域健康水循环内涵,指出近十年京津冀地区水循环健康状况总体呈逐渐向好趋势,但水资源短缺依然是影响水循环健康状况的主要因素。栾清华[42]对天津市水循环健康进行评价,得出为了促进区域水循环转向健康运行,必须重点关注水体治理、污水处理等方面的结论。王浩等[131]指出在全球城市化趋势下,未来城市水循环建设的发展方向主要是城市治水,提出了城市水循环演变机理分析方法。唐继张等[132]以西安市为例,以城市水循环内涵为基础来构建城市水循环健康评价体系,认为改善西安市水循环健康状态的关键是提高水资源开发利用的合理性和缓解水资源供需矛盾。由此可见,通过对水健康循环状况的评价能为解决区域水问题提供指导意见。

本书采用主成分分析法对宁夏的水循环健康状况进行初步研究,并采用因子分析法对其分析结果进行补充,对宁夏全区及五市的水循环健康状况的空间差异进行评价。

3.2.1 分析方法

3.2.1.1 主成分分析法

主成分分析法是将初始变量通过降维来重组一组新的综合变量,新变量相互无关,之后提取几个较少的综合变量来尽可能多地反映原来变量信息的统计方法。它主要研究变量之间的相互关系,找出对所有变量影响较大的几个主成分,这样能够使研究更简单,提高研究效率[133]。

3.2.1.2 指标选取及来源

构建城市水循环健康评价体系需要客观有效地反映研究区域水循环的健康程度,并能显示研究区域水循环健康的主要特点。遵循针对性、全面性和客观性的原则,本书从水生态水平[44]、水环境质量[46]、水资源丰度[132]、水资源利用[41]

四个方面选择了 15 个指标(表 3-16),从具有完整的水生态水平、安全健康的水环境质量、对水资源利用高效节约、对水资源丰度等方面全面评价水循环健康状况。本书收集了 2010—2018 年宁夏五市的相关数据。

表 3-16　宁夏全区水循环健康指标体系

目标层	维度层	指标层	属性
城市健康水循环	水生态水平(A)	城镇绿化覆盖率(a_1)/%	自然
		地下水开采利用率(a_2)/%	社会
		生态投资率(a_3)/%	社会
	水环境质量(B)	水功能区达标率(b_1)/%	自然
		污水处理率(b_2)/%	社会
		水管道密度(b_3)/(km/km^2)	社会
	水资源丰度(C)	人均水资源量(c_1)/(m^3/人)	自然
		地下水占供水总量比例(c_2)/%	社会
		亩均水资源量(c_3)/m^3	自然
	水资源利用(D)	工业万元增加值(用水量)(d_1)/(m^3/万元)	社会
		城市公共管网漏失率(d_2)/%	社会
		农业用水比例(d_3)/%	社会
		农业亩均耗水量(d_4)/m^3	社会
		污水处理回用率(d_5)/%	社会
		城镇自来水普及率(d_6)/%	社会

本书中研究数据主要来源于《中国城市建设统计年鉴》《中国城市统计年鉴》《宁夏统计年鉴》《宁夏水资源公报》《中卫统计年鉴》《银川统计年鉴》《石嘴山统计年鉴》《宁夏回族自治区人民政府办公厅关于全区实行最严格水资源管理制度和节水型社会建设考核情况的通报》。在收集数据过程中个别年份数据由于受其可获得性的限制,因此在处理过程中以其相邻两个年份的平均值代入。

3.2.2　宁夏全区及五市水循环健康状况分析

3.2.2.1　宁夏水循环健康状况分析

采用主成分分析法使用 SPSS25.0 软件对表 3-16 进行主成分分析,可以得出 15 个指标的相关系数矩阵(表 3-17)、累计贡献率(表 3-18)和因子荷载矩阵(表 3-19)。

表 3-17　相关系数矩阵

相关系数	a_1	a_2	a_3	b_1	b_2	b_3	c_1	c_2	c_3	d_1	d_2	d_3	d_4	d_5	d_6
a_1	1														
a_2	0.778	1													
a_3	0.682	0.555	1												
b_1	0.641	0.762	0.561	1											
b_2	0.458	0.468	0.58	0.85	1										
b_3	0.458	0.478	0.36	−0.056	−0.385	1									
c_1	0.489	0.719	0.124	0.635	0.463	0.084	1								
c_2	0.813	0.969	0.526	0.774	0.494	0.401	0.802	1							
c_3	0.296	0.487	−0.146	0.372	0.287	−0.035	0.929	0.602	1						
d_1	0.591	0.739	0.766	0.859	0.883	−0.009	0.551	0.719	0.295	1					
d_2	−0.715	−0.478	−0.278	−0.413	−0.091	−0.501	−0.447	−0.527	−0.286	−0.153	1				
d_3	−0.785	−0.835	−0.814	−0.769	−0.633	−0.406	−0.608	−0.86	−0.38	−0.821	0.451	1			
d_4	−0.686	−0.72	−0.836	−0.834	−0.822	−0.144	−0.561	−0.748	−0.328	−0.916	0.321	0.952	1		
d_5	0.703	0.553	0.823	0.334	0.261	0.638	0.258	0.585	0.108	0.491	−0.413	−0.84	−0.729	1	
d_6	0.116	0.221	0.113	−0.047	−0.212	0.472	0.271	0.168	0.128	0.072	−0.445	−0.079	0.004	0.117	1

表 3-18　累计贡献率

主成分	贡献率/%	累计贡献率/%
第 1 主成分	55.922	55.922
第 2 主成分	16.264	72.186
第 3 主成分	13.318	85.504

表 3-19　因子荷载矩阵和特征向量矩阵

指标	因子荷载矩阵			特征向量矩阵		
	第 1 主成分	第 2 主成分	第 3 主成分	第 1 主成分	第 2 主成分	第 3 主成分
a_1	0.852	0.24	−0.079	0.294	0.154	−0.056
a_2	0.902	0.13	0.162	0.311	0.083	0.115
a_3	0.754	0.049	−0.626	0.260	0.031	−0.443
b_1	0.85	−0.373	0.062	0.293	−0.239	0.044
b_2	0.69	−0.67	−0.107	0.238	−0.429	−0.076

表 3-19(续)

指标	因子荷载矩阵			特征向量矩阵		
	第 1 主成分	第 2 主成分	第 3 主成分	第 1 主成分	第 2 主成分	第 3 主成分
b_3	0.341	0.881	−0.145	0.118	0.564	−0.103
c_1	0.715	−0.076	0.676	0.247	−0.049	0.478
c_2	0.925	0.091	0.238	0.319	0.058	0.168
c_3	0.471	−0.11	0.796	0.163	−0.070	0.563
d_1	0.863	−0.374	−0.148	0.298	−0.239	−0.105
d_2	−0.543	−0.527	−0.227	−0.187	−0.337	−0.161
d_3	−0.965	−0.028	0.155	−0.333	−0.018	0.110
d_4	−0.927	0.229	0.217	−0.320	0.147	0.154
d_5	0.721	0.366	−0.419	0.249	0.234	−0.296
d_6	0.166	0.606	0.263	0.057	0.388	0.186

　　表 3-19 所示为主成分与影响因子之间的相关系数矩阵及特征向量矩阵。将数据标准化后可以分别计算出主成分 1、2、3 的得分,然后将其按照方差贡献率加权平均得到 2010—2018 年宁夏全区水循环健康状况的综合得分,具体结果见表 3-20。

　　由表 3-19 可知:第 1 主成分与 a_1、a_2、a_3、b_1、b_2、c_1、c_2、d_1、d_5 有较强的正相关关系,与 d_3、d_4 有较强的负相关关系,基本涵盖了社会与自然的主要指标,综合性较强。近年来,宁夏工业园区得到了迅速发展,工业增加值不断增长,会产生较大耗水量、排污量的企业,为主要类型。因此,建成区绿化覆盖率、生态投资率、水功能区达标率、污水处理率以及污水处理回用率都是影响宁夏水循环健康状况的重要因素。d_3、d_4 反映了宁夏的农业用水情况,作为国内农业用水效率及用水占比均较高的城市,随着经济、人口的不断增长,农业用水也不断增加,对水循环健康产生的影响不可忽略。第 2 主成分与 c_1、c_3 有较强的正相关关系,反映了宁夏境内的水资源禀赋状况,对水循环健康状况具有直接影响。第 3 主成分与 b_3、d_6 有较强的正相关关系,反映了城镇用排水的普及对水健康循环的影响。

　　由表 3-20 及图 3-6 可知:水循环健康状况的主成分得分的值有正有负,但是其正负并不代表水循环健康状况的真实水平,只表示水循环健康状况的相对水平,正值表示水资源被评价年份的水循环健康状况高于平均水平,负值表示被评价年份的水循环健康状况低于平均水平,综合得分越高表示其水循环健康状态越好,得分越低则表示其状态越差。由于主成分 1 所占比例较大,所以主成分

1 的得分与综合得分趋势相近,但综合得分变化率较小;主成分 2 和主成分 3 的变化呈现不规则的折线形,因为它们的贡献率相对较低,对综合得分没有产生太大影响。总体来看,宁夏水循环健康状况在 2010—2018 年期间呈现上升的趋势,在 2015 年之前有上升趋势但并不明显,且在 2015 年时有所下降,但 2015 年之后上升明显。这主要是因为在 2013—2015 年其污水处理回用率并不高。宁夏 8 条重点入黄排水沟水质为劣 V 类,其中 5 条水质部分指标在当时仍在恶化。但是自 2016 年以来,宁夏环保部门加强水环境治理,开展工业污染防治整治专项行动,严格工业污染防治,加强了直接入河湖排污口监管和饮用水水源保护,实施流域水生态修复治理,开展宁夏节水行动,保障河湖湿地生态补水。统计数据显示 2010 年黄河出境断面全年水质类别为 Ⅳ 类,主要污染指标为化学需氧量,而到 2018 年出境断面全年水质类别提升到 Ⅱ 类。而宁夏山区主要河流的水质也有了明显提升,清水河各河段水质从 2010 年的劣 V 类、Ⅳ 类、劣 V 类分别提升到 2018 年的 Ⅱ 类、Ⅳ 类、Ⅱ 类,苦水河水质则从劣 V 类提升到 V 类。随着宁夏对水环境的重视,减少了多个入黄直排口,建成了 13 条重点入黄排水沟入黄河适宜地段的人工湿地,其中多条排水沟水质得到明显提升。宁夏还在全区范围内加大水污染防控力度,对水源地进行重点保护,使多个地级城市集中式饮用水水源水质达到或优于三类标准。随着近些年宁夏对水资源治理以及对水环境保护的重视程度的提高,绿地覆盖率明显增大,采取的一系列水利措施极大改善了宁夏水循环健康状况。

表 3-20　主成分得分排序表

年份	Y_1	Y_2	Y_3	Y	排序
2010 年	-2.97	2.99	0.96	-1.05	7
2011 年	-3.14	0.95	-0.38	-1.65	9
2012 年	-0.97	-2.26	1.06	-0.77	6
2013 年	-0.7	-1.32	1.08	-0.46	4
2014 年	-0.75	-1.05	-0.39	-0.64	5
2015 年	-1.52	-0.65	-0.96	-1.08	8
2016 年	0.89	-0.24	-1.2	0.3	3
2017 年	3.8	0.75	-2.33	1.94	2
2018 年	5.36	0.81	2.16	3.42	1

注:Y 为主成分综合得分,下同。

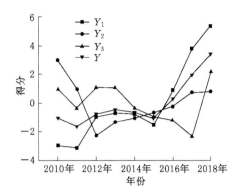

图 3-6　宁夏水循环健康状况主成分得分变化趋势图

3.2.2.2　五市水循环健康状况分析

以上分析针对的是宁夏整体平均水平。宁夏五市水资源地理条件、经济社会发展等均表现出不平衡特征,存在明显的区域差异,为了对宁夏五市水循环健康状况有更进一步的了解,在上文对全区分析的基础上再对宁夏五市2010—2018 年的水循环健康状况进行对比分析。由于部分地区的水功能区达标率已连续多年达到较高水平不变,无法有效反映水循环健康状况,因此在对五市进行分析时采用除水功能区达标率以外的 14 个指标。用 SPSS25.0进行主成分分析后选取累计贡献率达到 85% 的几个成分,计算其得分可得到水循环健康状况得分与排名(表 3-21)以及各市水循环健康状况变化趋势图(图 3-7)。

银川市主成分综合得分与主成分 1、2 密切相关,通过分析主成分 1、2 中荷载较高的原始数据可以看出主成分 1 中的 a_2、a_3、b_2、c_2、d_1 指标与银川市水循环健康呈正相关,d_3、d_4 呈现负相关。随着时间的推移,农业用水量的减少,降低了对银川地区水循环的压力;主成分 2 中 a_1、c_1、c_3 荷载较大,近年来银川市加大了生态投资,城市绿化面积明显增大,同时加强了对污水排放的管理,改善了水环境。主成分 3、4 所占贡献率较小可以忽略不计。由图 3-7(a)可知:银川市主成分综合得分 2013 年有小幅度下降,但总体呈上升趋势,2017年得分最高。分析基础数据可以发现:2017 年银川市的地下水开采利用率、生态投资以及污水排放处理均达到最优,而农业耗水量为历年最低,因此2017 年的综合得分最高。

表 3-21　主成分得分与排名

地区	年份	Y_1	Y_2	Y_3	Y_4	Y_5	Y	排序
银川市	2010 年	-3.17	1.01	0.53	0.26		-0.94	8
	2011 年	-2.92	0.47	-2.07	1.38		-1.2	9
	2012 年	-1.39	2.18	1.25	-1.08		-0.01	4
	2013 年	-0.96	-1.25	-0.36	-0.82		-0.8	7
	2014 年	0.76	-2.68	-0.5	-0.91		-0.46	5
	2015 年	-0.27	-2.45	0.75	-0.12		-0.57	6
	2016 年	1.69	0.07	2.42	1.5		1.17	3
	2017 年	3.6	0.61	-1.16	1.37		1.56	1
	2018 年	2.65	2.05	-0.85	-1.58		1.25	2
石嘴山市	2010 年	-2.54	2.46	-0.25	0.38	0.95	-0.33	7
	2011 年	-2.41	1.46	0.55	1.3	-1.27	-0.39	8
	2012 年	0.27	0.62	-0.15	-2.51	0.46	-0.12	5
	2013 年	-2.07	-1.69	0.78	-1.84	0.16	-1.17	9
	2014 年	-0.31	-2.15	1.58	0.59	-1.11	-0.28	6
	2015 年	-0.08	-1.14	-0.42	1.23	1.24	-0.06	4
	2016 年	1.13	-1.42	-1.54	1.23	0.82	0.11	2
	2017 年	1.73	0.43	-2.68	-0.56	-1.48	0.08	3
	2018 年	4.28	1.45	2.14	0.19	0.22	2.17	1
吴忠市	2010 年	-1.79	-0.87	-2.52	1.15		-1.23	8
	2011 年	-2.67	-0.84	-0.94	-0.64		-1.58	9
	2012 年	-0.94	-2.36	1.51	1.06		-0.62	6
	2013 年	-2.17	-0.83	1.58	-1.69		-1.11	7
	2014 年	0.21	1.05	0.69	0.67		0.46	4
	2015 年	-1.37	3.11	-0.22	-0.33		-0.05	5
	2016 年	1.41	1.44	1.18	1.42		1.23	2
	2017 年	2.07	0.7	-0.78	-1.16		0.89	3
	2018 年	5.24	-1.38	-0.51	-0.48		2.02	1

表3-21(续)

地区	年份	Y_1	Y_2	Y_3	Y_4	Y_5	Y	排序
固原市	2010 年	−2.24	−0.34	−2.05	0.44		−1.27	8
	2011 年	−3.23	−0.33	−0.42	1.61		−1.35	9
	2012 年	−1.56	1.01	−0.75	−2.52		−0.76	7
	2013 年	0.63	3.84	0.42	0.26		1.23	2
	2014 年	−1.1	0.02	1.41	0.41		−0.23	6
	2015 年	−0.59	−1.02	2.82	−0.29		−0.11	4
	2016 年	1.16	−2.47	−0.35	−0.48		−0.17	5
	2017 年	2.5	−1.44	−0.5	−0.16		0.64	3
	2018 年	4.43	0.72	−0.57	0.75		2.02	1
中卫市	2010 年	−2.02	2.95	−1.74	1.72		−0.56	7
	2011 年	−3.69	2.94	−2.57	3.31		−1.41	9
	2012 年	−0.51	1.89	−1.9	5.87		0.26	4
	2013 年	−0.62	−1.55	−1.61	0.7		−0.79	8
	2014 年	1.23	−1.42	−1.09	−1.09		0.11	5
	2015 年	0.57	−2.78	0.81	−2.56		−0.32	6
	2016 年	1.07	−1.57	1.34	−1.63		0.31	3
	2017 年	2.27	−2.17	4.22	−3.94		1.03	2
	2018 年	1.7	1.71	2.56	−2.38		1.37	1

石嘴山市主成分综合得分与主成分 1 密切相关,主成分 2、3 次之。通过分析其中荷载较高的原始数据可以看出主成分 1 中 b_2、c_1、c_3 与水循环健康呈正相关,与 d_3、d_4、d_5 呈负相关,这是因为石嘴山市作为老工业基地,水资源量直接决定了该地区的水循环健康状况。同理,主成分 2 中 a_1 与水循环健康呈正相关,与 b_2 呈负相关,表示农业用水和污水处理的不利影响;主成分 3 中 a_2 与水循环健康呈正相关,a_3 与水循环健康呈负相关,表示石嘴山市的环境保护程度的短板及其不利影响。主成分 4、5 对水循环健康的影响可以忽略不计。由图 3-7(b)可以看到石嘴山市主成分综合得分总体上依然是上升趋势,但是在 2013 年突然下降。分析基础数据发现:2013 年石嘴山市工业用水较多,污水处理率只有 94%,低于其他年份的污水处理水平,因此造成了当年水循环健康状况的恶化;在 2015 年以前其水循环健康状况低于平均水平,且发展趋势有高有低,2015 年以后其水循环健康状况高于平均水平,且在 2018 年提升幅度较大,这是由于在 2015 年以前基础数据变化幅

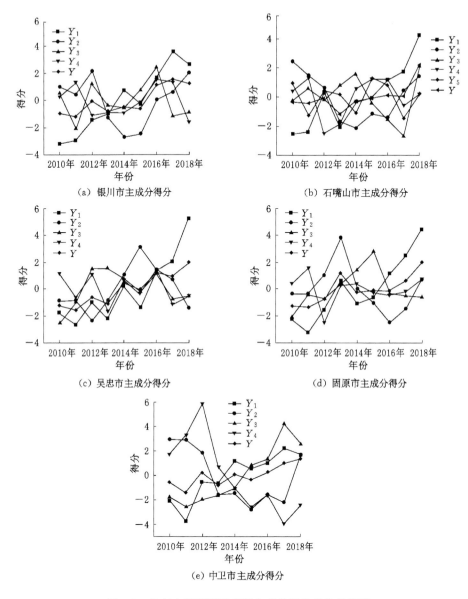

图 3-7　各市水循环健康状况主成分得分变化趋势图

度较不稳定,而在 2018 年其数据有了较大幅度的增长。

吴忠市主成分综合得分由主成分 1、2 决定,与主成分 1 中 a_2、b_2、c_1、c_3、d_6 呈现较强的正相关,与 d_1 呈较强的负相关,这些指标体现了城市排污能力对水健康循环状况的影响,随着城市排水管道系统投资的加大,有效改善了城市水循环健康状况;主成分 2 中 a_1、d_5 的逐步提高,对水循环健康起促进作用,而万元工业增加值呈现逐年下降趋势,万元工业增加值越多,水资源短缺越严重,相应的水循环健康压力越大。由图 3-7(c)可以发现:吴忠市综合得分依然是总体上升的趋势,但其变化却出现升一年降一年的情况。2011 年、2013 年、2015 年、2017 年相比前一年呈现下降的趋势,分析基础数据可知是当年相关性较强的数据相较上年有一定的下降所造成的。吴忠市得分上升趋势相对其他四市来说比较平稳,主要因为吴忠市积极采取措施,保障了吴忠市生态环境持续健康发展。

固原市综合得分与第 1、2 主成分密切相关。主成分 1 中 a_1、a_3、b_3、c_1、d_1 与水循环健康状况呈正相关,d_2、d_3、d_5 与水循环健康状况呈较强的负相关;主成分 2 中 c_1、c_2、c_3、d_4 与水循环健康状况呈正相关,b_2 与水循环健康状况呈负相关。由于固原市的地理位置不属于沿黄城市带,且蒸发量较大,因此水生态环境与天然水资源的变化对固原市水循环健康状况的影响较大。通过分析图 3-7(d)可知,固原市综合得分在总体上升的基础上,其 2013 年的得分却排名第二,2014 年出现下降之后又开始慢慢上升,分析可知是该年自然水资源量较前一年减少较多造成的。

中卫市主成分综合得分与主成分 1、2 密切相关。分析主成分 1、2 中荷载较高的原始数据可以看出:主成分 1 中 a_1、d_3、d_4、d_5 为主要的影响因素,主成分 2 中 a_2、c_3、d_1 为主要影响因素。根据图 3-7(e)综合得分及各个主成分得出:中卫市综合得分也呈现逐年上升的趋势,因为农业用水的减少缓解了当地水循环压力,而城市绿化覆盖率的大幅度提升有效改善了城市水资源状况,工业万元增加值的减少也从一定程度上影响水循环健康状况。中卫市的水环境治理政策主要从饮用水源地安全、农村环境整治、湿地保护修复、河湖生态绿化等方面入手,抓好全市水生态环境治理,发展趋势比较稳定。

由主成分分析结果可以发现五市 2010—2018 年的得分总体均呈现上升的趋势,说明随着社会经济的发展,五市的水循环健康状况越来越好,这与五市近几年的社会发展以及一些水利政策密切相关。同时在 2010 年到 2018 年的 9 年间,银川市人口增加了 24.6 万人,石嘴山市人口增加了 7.7 万人,吴忠市人口增加了 13.3 万人,固原市人口增加了 0.9 万人,中卫市人口增加了 8.5 万人。人口数量的大幅度增长必然会导致用水需求上升,导致五市水资源的供需矛盾更加突出。自 2011 年开始大力推进节水型社会建设后,加强防洪减灾体系建设、节水提效建设、水土保持与河湖生态恢复、地下水限制利用等方面的主要任务及措施极大地改善了宁夏五市的水循环健康状态,健康得分也从 2011 年起逐步上升。总体而言,五市在水循环健康发展特点和影响因素上存在一定差异。

3.2.3 本节结论与讨论

构建了水循环健康评价指标体系,以"城市水循环健康评价"为目标层,以水生态水平、水资源利用、水资源丰度、水环境质量 4 个环节为维度层,以建成区绿化覆盖率、地下水开采利用率、生态投资率等 15 个指标为指标层。

通过主成分分析将 15 个指标分别降维成 3 个主成分分别对宁夏及五市进行分析,发现宁夏水循环健康状况均处于上升趋势,五市 2018 年水循环健康状况相比 2010 年虽然均有不同程度提高,但存在一定地区差异。其中银川市的水循环健康状况主要受农业用水量和污水处理的影响,未来应当大力发展农业节水,严格控制污水处理及排放;石嘴山市主要受当地的水资源量以及污水处理能力影响,作为老工业基地,应进一步提升污水处理能力以提高水循环健康状况;吴忠市的水循环健康状况多年变化趋势比较平稳,生态投资率与排水管道建设较好,应当继续保持;固原市的水循环健康状况主要取决于当地的天然水资源变化量,建议加大水资源保护以及水环境治理力度,地下水开采与地表水利用以适当结合的方式发展;中卫市的水循环健康状况则主要取决于农业用水量以及城市绿化覆盖率,作为宁夏最年轻的城市,中卫市发展非常迅速,在此过程中更应该注重节水以及环境保护,进一步促进发展。

第 4 章　旱区水资源短缺与适应性调控策略及实践

　　水资源短缺是干旱地区经济社会发展的瓶颈。水资源供需不足包含两个层面的含义：一是传统概念上的水资源短缺，即自然界可供人们使用的水资源的量不能满足经济社会发展的需要[134]；二是社会性短缺，即在处理水资源问题时，考虑人类活动的影响，考虑水的社会属性，指社会资源的投入不足以支撑人类获得有限水资源的权利[135]。目前国内外许多学者对水资源社会性短缺类型及程度等方面进行探讨。姜秋香等[134]基于熵权物元模型，定量分析了水资源短缺状况的影响因子，表征水资源短缺特征，为水资源管理提供决策；M. Falkenmark[136]引入社会视角，明晰了水资源短缺和经济社会之间存在不稳定的潜在联系；S. Becerra 等[137]基于社会反应的概念模型，建立了人口、经济和环境的评价指标以及如何感知、适应和应对日益严重的水资源短缺，解释了当前应对解决水资源短缺的"社会倾向"策略不能适应未来气候变化；B. Restemeyer 等[138]建立了包含社会文化、经济技术和环境资源相关内容的水资源管理评价指标体系，通过提高社会适应能力来应对水资源短缺的管理政策。程怀文等[59]利用网络层次分析法构建了水资源社会短缺评价模型，为水资源短缺提供了一种新的解决思路。

　　宁夏沿黄经济区地处我国包昆通道的纵轴北部，以银川市为中心，涵盖吴忠市、石嘴山市、中卫市的 4 个沿黄城市所辖行政区域，是我国西北地区重要的内陆经济开放区。该区域属于中温带干旱区，年平均降水量为 180～400 mm，年平均蒸发量为 1 825 mm，黄河水是该区域地表水的主要来源。2017 年经济区人均水资源占有量为 105.8 m³，占全区人均水资源占有量的 74.5%，比国际公认的人均水资源占有量 500 m³/人低 78.8%，是水资源极度缺乏的地区。通过对该地区水资源短缺风险的评价及社会适应能力的投入与匹配效应的分析，探明宁夏沿黄经济区水资源短缺影响因素及驱动机制问题、水资源与社会适应能力发展之间的耦合关系，并进一步研究其互动反馈机制，能够从系统外的角度看待并试图解决局部地区的水资源短缺问题，为干旱缺水地区的水资源适应性管理提供一个崭新的视角。

4.1 宁夏沿黄经济区水资源短缺风险评价

评价水资源短缺问题,关键要基于水资源短缺现状,准确把握水资源短缺的影响因素。科学评价宁夏沿黄经济区水资源短缺风险水平,划分水资源短缺风险等级,辨识风险因子,对有效缓解水资源短缺状况与实现区域水资源可持续发展具有重要的现实意义。选择指标进行评价是最常用的方法。江礼平等[139]结合水资源供需平衡分析结果,选取了风险率、易损性、风险度等评价指标,对萍乡市水资源短缺风险进行了分析;李菊等[140]引入正态云模型,遴选了 20 个指标建立水资源评价指标体系,对云南省各市水资源短缺风险进行评价;杨哲等[141]利用模糊熵与灰色聚类评判模型,构建了水资源短缺评价指标体系,对云南省水资源短缺风险进行了评价;王雅洁等[142]以河北张家口宣化区为研究区域,采用水足迹理论进行研究,研究表明宣化区属于严重水量型缺水,且水质型缺水日益严重。本书运用改进模糊综合评价法对宁夏沿黄经济区水资源短缺风险进行了等级评价,采用熵值法确定指标权重,以灰色关联系数代替传统隶属度,在分析水资源短缺风险的基础上建立了综合指数模型,并对结果进行了分析。

4.1.1 改进模糊综合评价法

(1) 权重的确定

熵值法是确定指标权重常用的方法。信息论中,熵值反映指标信息的离散程度,用以衡量指标信息量的大小。某项指标所含信息量越大,表明该项指标对评价结果的影响越大,权值就越大,熵值就越小。

$$W_j = \frac{1 - E_j}{\sum_{j=1}^{m}(1 - E_j)} \tag{4-1}$$

由熵的定义,第 j 个指标的贡献度为:

$$P_{ij} = \frac{1 + X_{ij}}{\sum_{i=1}^{n}(1 + X_{ij})} \tag{4-2}$$

式中 X_{ij}——第 i 年第 j 个指标的量值。

那么第 j 个指标的熵 E_j 为:

$$E_j = -\frac{\sum_{j=1}^{n} P_{ij} \ln P_{ij}}{\ln n} \tag{4-3}$$

式中 P_{ij}——第 i 年第 j 个指标的贡献度;

E_j——第 j 个指标的熵;

m——评价指标个数,$m = 16$;

n——评价指标对象,$n = 4$。

则第 j 个指标的权重 $W_j = \dfrac{1 - E_j}{\sum_{j=1}^{m}(1 - E_j)}$。

(2) 灰色关联确定隶属度矩阵

确定参考指标序列与比较指标序列,计算关联系数。

$$\xi_{ij} = \frac{\min_i\min_j |X_{0j} - X_{ij}| + \rho\max_i\max_j |X_{0j} - X_{ij}|}{|X_{0j} - X_{ij}| + \rho\max_i\max_j |X_{0j} - X_{ij}|} \tag{4-4}$$

式中　ρ——分辨系数,通常取 0.5;

　　　ξ_{ij}——第 i 年第 j 个指标的关联系数。

(3) 计算风险等级

采用综合指数模型计算水资源短缺风险等级,该指数能全面反映沿黄经济区水资源短缺的程度,综合指数得分越高,说明水资源短缺风险越低,反之越高。

$$R_j = \sum_{i=1}^{n} W_j \xi_{ij} \tag{4-5}$$

式中　R_j——综合指数得分;

　　　W_j——第 j 个指标的权重。

4.1.2　数据来源

宁夏沿黄经济区位于我国西北内陆干旱地区,涵盖银川市、吴忠市、石嘴山市、中卫市 4 个沿黄城市,社会经济的发展受到水资源短缺的影响。对沿黄经济区水资源短缺风险等级进行评价,能够有效地降低区域水资源短缺风险,缓解水资源供需紧张问题。本书以宁夏的水资源禀赋、水资源利用、社会经济和水环境为基础,进行水资源短缺风险评价的相关研究。原始数据均来自 2012—2016 年的《宁夏水资源公报》《宁夏环境统计年报》《宁夏统计年鉴》,并根据相关计算所得。

4.1.3　指标体系和分级标准

水资源短缺涉及自然资源与经济社会发展相结合的问题,选择评价指标时,要充分考虑水资源禀赋、水资源利用、社会经济状况以及水环境等,依据区域性、科学性、整体性和独立性原则,结合宁夏沿黄经济区实际情况,选取了 4 个准则层 16 个评价指标,具体评价指标见表 4-1。

在水资源短缺风险等级评价中,需要确定指标权重。书中采用熵值法对水资源短缺指标进行权重的计算,根据权重值判断某一事件的重要性程度,结合各个指标变量的变异性程度,计算出各个指标变量的权重值。根据式(4-1)计算各指标变量的贡献度,计算结果如下:

$$E_{2012} = \begin{bmatrix}
0.3146 & 0.2438 & 0.2916 & 0.1789 & 0.2934 & 0.4567 & 0.2177 & 0.1870 & 0.2819 & 0.5088 & 0.2015 & 0.2644 & 0.4404 & 0.1293 & 0.3663 & 0.3334 \\
0.4565 & 0.2138 & 0.4383 & 0.3887 & 0.1438 & 0.2543 & 0.2934 & 0.2195 & 0.2334 & 0.3333 & 0.4566 & 0.2762 & 0.2942 & 0.1756 & 0.3343 & 0.3211 \\
0.0965 & 0.2668 & 0.1234 & 0.1815 & 0.3851 & 0.1675 & 0.2633 & 0.2927 & 0.2370 & 0.1579 & 0.1609 & 0.2151 & 0.1332 & 0.3659 & 0.1505 & 0.1879 \\
0.1325 & 0.2711 & 0.1467 & 0.2508 & 0.1777 & 0.1214 & 0.2255 & 0.3008 & 0.2476 & 0.0000 & 0.1810 & 0.2443 & 0.1323 & 0.3293 & 0.1489 & 0.1575
\end{bmatrix}$$

$$E_{2013} = \begin{bmatrix}
0.3043 & 0.2118 & 0.2701 & 0.1677 & 0.3312 & 0.4667 & 0.2103 & 0.2036 & 0.2825 & 0.4203 & 0.3226 & 0.3203 & 0.4399 & 0.1257 & 0.3582 & 0.3352 \\
0.4368 & 0.1777 & 0.3879 & 0.3581 & 0.1777 & 0.2660 & 0.3058 & 0.2805 & 0.2528 & 0.4493 & 0.3248 & 0.2820 & 0.2956 & 0.1904 & 0.3412 & 0.3194 \\
0.0965 & 0.2890 & 0.1264 & 0.1771 & 0.2828 & 0.1635 & 0.2395 & 0.2805 & 0.2458 & 0.1304 & 0.1672 & 0.1840 & 0.1325 & 0.3619 & 0.1527 & 0.1885 \\
0.1610 & 0.3207 & 0.2155 & 0.2972 & 0.2083 & 0.1038 & 0.2244 & 0.2353 & 0.2189 & 0.0000 & 0.1854 & 0.2136 & 0.1319 & 0.3220 & 0.1478 & 0.1569
\end{bmatrix}$$

$$E_{2014} = \begin{bmatrix}
0.2788 & 0.1862 & 0.2418 & 0.1425 & 0.2907 & 0.3240 & 0.1779 & 0.2885 & 0.2744 & 0.5658 & 0.2556 & 0.2908 & 0.4471 & 0.1271 & 0.3622 & 0.3301 \\
0.3999 & 0.1459 & 0.3426 & 0.3053 & 0.1794 & 0.3563 & 0.3091 & 0.2692 & 0.2605 & 0.2892 & 0.3510 & 0.2598 & 0.2955 & 0.1875 & 0.3351 & 0.3161 \\
0.1250 & 0.3220 & 0.1612 & 0.2132 & 0.3093 & 0.2020 & 0.2783 & 0.2260 & 0.2544 & 0.1447 & 0.1961 & 0.1979 & 0.1323 & 0.3582 & 0.1579 & 0.1912 \\
0.1962 & 0.3450 & 0.2544 & 0.3390 & 0.2205 & 0.1177 & 0.2347 & 0.2163 & 0.2107 & 0.0000 & 0.1970 & 0.2515 & 0.1306 & 0.3272 & 0.1448 & 0.1627
\end{bmatrix}$$

$$E_{2015} = \begin{bmatrix}
0.2791 & 0.2310 & 0.2329 & 0.1476 & 0.3027 & 0.3592 & 0.1863 & 0.2535 & 0.2848 & 0.4783 & 0.2757 & 0.2672 & 0.4427 & 0.1288 & 0.3681 & 0.3234 \\
0.4405 & 0.2039 & 0.3949 & 0.3468 & 0.1831 & 0.3386 & 0.3095 & 0.2806 & 0.2611 & 0.2360 & 0.3059 & 0.2220 & 0.2971 & 0.1923 & 0.3271 & 0.3143 \\
0.1127 & 0.3015 & 0.1519 & 0.1990 & 0.3047 & 0.1700 & 0.2754 & 0.2113 & 0.2409 & 0.2857 & 0.1992 & 0.2528 & 0.1324 & 0.3662 & 0.1574 & 0.1957 \\
0.1674 & 0.2636 & 0.2203 & 0.3065 & 0.2095 & 0.1323 & 0.2288 & 0.2746 & 0.2102 & 0.0000 & 0.2192 & 0.2580 & 0.1278 & 0.3127 & 0.1474 & 0.1667
\end{bmatrix}$$

$$E_{2016} = \begin{bmatrix}
0.3663 & 0.2570 & 0.3555 & 0.1981 & 0.2892 & 0.3692 & 0.1795 & 0.2240 & 0.2784 & 0.5052 & 0.3712 & 0.2905 & 0.4425 & 0.1188 & 0.3700 & 0.3183 \\
0.3511 & 0.1706 & 0.2912 & 0.2842 & 0.1801 & 0.3203 & 0.3026 & 0.2640 & 0.2626 & 0.1875 & 0.1701 & 0.1895 & 0.2960 & 0.1911 & 0.3232 & 0.3129 \\
0.1185 & 0.2922 & 0.1478 & 0.2146 & 0.2978 & 0.1637 & 0.2674 & 0.2000 & 0.2263 & 0.0938 & 0.2744 & 0.2040 & 0.1322 & 0.3426 & 0.1596 & 0.2012 \\
0.1638 & 0.2794 & 0.2056 & 0.3030 & 0.2330 & 0.1468 & 0.2306 & 0.3120 & 0.2326 & 0.2135 & 0.1843 & 0.3160 & 0.1294 & 0.3475 & 0.1472 & 0.1676
\end{bmatrix}$$

根据式(4-2)计算各指标变量的熵值,计算结果见表 4-1。

表 4-1　水资源短缺风险评价指标熵值

准则层	指标层	年份				
		2012 年	2013 年	2014 年	2015 年	2016 年
水资源禀赋	产水模数	0.876 6	0.897 8	0.939 3	0.910 8	0.926 5
	径流深	0.997 4	0.980 5	0.956 5	0.992 3	0.986 0
	人均水资源量	0.909 4	0.947 2	0.975 8	0.956 3	0.962 8
	年降水量	0.960 7	0.962 5	0.963 8	0.961 9	0.988 5
水资源利用	农业用水量	0.947 2	0.978 8	0.983 7	0.982 6	0.986 5
	工业用水量	0.910 0	0.893 8	0.943 4	0.940 1	0.945 3
	人均用水量	0.994 7	0.992 3	0.985 5	0.987 2	0.987 9
	工业万元增加值用水量	0.986 3	0.993 8	0.994 9	0.996 7	0.989 7
	农业亩均用水量	0.997 9	0.997 0	0.996 6	0.995 5	0.997 4
社会经济	人口密度	0.722 4	0.713 7	0.693 1	0.758 5	0.873 1
	万元 GDP 用水量	0.926 3	0.967 8	0.978 0	0.989 4	0.963 5
	人均 GDP	0.996 9	0.983 1	0.993 4	0.998 3	0.982 9
	城镇化率	0.906 9	0.906 4	0.905 0	0.903 1	0.904 0
水环境	污水处理回用量	0.940 3	0.944 4	0.944 5	0.946 7	0.940 4
	城市污水日处理能力	0.939 8	0.940 8	0.941 7	0.942 5	0.943 4
	城镇污水处理率	0.963 9	0.963 8	0.967 8	0.971 4	0.973 8

由指标贡献度的计算结果,结合表 4-1 各指标变量的熵值,根据式(4-3)计算各指标变量的权重值,计算结果见表 4-2。

表 4-2　水资源短缺风险评价指标权重

准则层	指标层	年份					平均值
		2012 年	2013 年	2014 年	2015 年	2016 年	
水资源禀赋	产水模数	0.120 6	0.109 1	0.072 5	0.116 4	0.113 3	0.106 4
	径流深	0.088 5	0.056 4	0.028 9	0.056 9	0.057 4	0.057 6
	人均水资源量	0.038 4	0.040 0	0.043 3	0.049 7	0.017 7	0.037 8
	年降水量	0.002 5	0.020 8	0.052 0	0.010 0	0.021 6	0.021 4
水资源利用	农业用水量	0.051 6	0.022 6	0.019 4	0.022 7	0.020 8	0.027 4
	工业用水量	0.088 0	0.113 4	0.067 6	0.078 1	0.084 4	0.086 3
	人均用水量	0.005 2	0.008 2	0.017 3	0.016 6	0.018 7	0.013 2
	工业万元增加值用水量	0.013 4	0.006 6	0.006 1	0.004 3	0.015 9	0.009 3
	农业亩均用水量	0.002 0	0.003 2	0.004 0	0.005 9	0.004 1	0.003 8
社会经济	人口密度	0.091 0	0.100 0	0.113 5	0.126 4	0.148 1	0.115 8
	万元 GDP 用水量	0.058 3	0.059 4	0.066 3	0.069 5	0.092 0	0.069 1
	人均 GDP	0.058 9	0.063 3	0.069 7	0.075 0	0.087 3	0.070 8
	城镇化率	0.035 3	0.038 7	0.038 5	0.037 3	0.040 5	* 0.038 1
水环境	污水处理回用量	0.271 3	0.305 8	0.366 6	0.315 1	0.195 7	0.290 9
	城市污水日处理能力	0.072 0	0.034 4	0.026 3	0.013 8	0.056 3	0.040 6
	城镇污水处理率	0.003 1	0.018 1	0.007 9	0.002 2	0.026 3	0.011 5

　　灰色关联系数代替传统模糊综合评价隶属度,根据式(4-4)构建灰色关联系数矩阵如下:

$$E_{2012}=\begin{bmatrix}
0.4058 & 0.2227 & 0.0980 & 0.3839 & 0.4202 & 0.1173 & 0.0875 & 0.0973 & 0.2892 & 0.3731 & 0.2769 & 0.2091 & 0.1223 & 0.9317 & 0.7372 & 0.8069 \\
0.2474 & 0.2641 & 0.1533 & 0.0732 & 0.2174 & 0.3964 & 0.6533 & 0.3857 & 0.5859 & 0.4253 & 0.1959 & 0.8530 & 0.8303 & 0.6552 & 0.5587 & 0.8466 \\
0.0167 & 0.0986 & 0.0124 & 0.9194 & 0.9322 & 0.1375 & 0.6024 & 0.9286 & 0.0745 & 0.7754 & 0.9317 & 0.7289 & 0.8728 & 0.3103 & 0.1955 & 0.0027 \\
0.0999 & 0.1739 & 0.3426 & 0.9377 & 0.1405 & 0.7588 & 0.6024 & 0.8942 & 0.6919 & 0.7531 & 0.8454 & 0.8574 & 0.7961 & 0.0139 & 0.0680 & 0.1783
\end{bmatrix}$$

$$E_{2013}=\begin{bmatrix}
0.6108 & 0.5495 & 0.0731 & 0.2397 & 0.7012 & 0.6577 & 0.1490 & 0.0917 & 0.6942 & 0.8205 & 0.3611 & 0.8466 & 0.9587 & 0.1355 & 0.3859 & 0.2510 \\
0.6533 & 0.6044 & 0.9587 & 0.3950 & 0.3406 & 0.4470 & 0.5416 & 0.6980 & 0.3333 & 0.5315 & 0.2724 & 0.9193 & 0.9110 & 0.5212 & 0.3646 & 0.2190 \\
0.0314 & 0.0280 & 0.0490 & 0.7851 & 0.7852 & 0.1644 & 0.6150 & 0.8322 & 0.1238 & 0.0020 & 0.7358 & 0.0235 & 0.1770 & 0.2903 & 0.0581 & 0.0738 \\
0.1910 & 0.3407 & 0.6801 & 0.6498 & 0.1994 & 0.0558 & 0.1479 & 0.4118 & 0.0456 & 0.0671 & 0.8310 & 0.0732 & 0.0428 & 0.0384 & 0.1157 & 0.2169
\end{bmatrix}$$

$$E_{2014}=\begin{bmatrix}
0.5600 & 0.4444 & 0.3406 & 0.2028 & 0.8565 & 0.8645 & 0.2071 & 0.6625 & 0.6823 & 0.3629 & 0.5813 & 0.8366 & 0.6498 & 0.6807 & 0.3837 & 0.7786 \\
0.4769 & 0.3845 & 0.8386 & 0.5882 & 0.6371 & 0.8280 & 0.3591 & 0.7333 & 0.7821 & 0.5300 & 0.2612 & 0.8752 & 0.3164 & 0.5116 & 0.2790 & 0.6662 \\
0.0260 & 0.0921 & 0.3596 & 0.8894 & 0.5689 & 0.3534 & 0.7650 & 0.1333 & 0.6872 & 0.0057 & 0.5932 & 0.0603 & 0.1702 & 0.2558 & 0.0488 & 0.0139 \\
0.2590 & 0.5139 & 0.6398 & 0.5116 & 0.3164 & 0.0272 & 0.4333 & 0.0333 & 0.0144 & 0.0299 & 0.8660 & 0.0144 & 0.0151 & 0.0187 & 0.0057 & 0.5768
\end{bmatrix}$$

$$E_{2015}=\begin{bmatrix}
0.5085 & 0.3333 & 0.0258 & 0.2778 & 0.9837 & 0.7828 & 0.0287 & 0.6667 & 0.8821 & 0.8480 & 0.0380 & 0.5965 & 0.6493 & 0.5064 & 0.7173 & 0.6493 \\
0.7169 & 0.7563 & 0.6557 & 0.0215 & 0.1538 & 0.9092 & 0.7338 & 0.7778 & 0.7225 & 0.5377 & 0.2676 & 0.8143 & 0.9420 & 0.4935 & 0.6494 & 0.0473 \\
0.0128 & 0.0719 & 0.2580 & 0.5742 & 0.8461 & 0.1662 & 0.7230 & 0.0513 & 0.4115 & 0.0148 & 0.5315 & 0.0455 & 0.1851 & 0.5974 & 0.0650 & 0.6805 \\
0.1669 & 0.2813 & 0.7974 & 0.6111 & 0.2171 & 0.0614 & 0.3453 & 0.6094 & 0.0173 & 0.0071 & 0.7746 & 0.0246 & 0.0281 & 0.0374 & 0.1870 & 0.7976
\end{bmatrix}$$

$$E_{2016}=\begin{bmatrix}
0.8387 & 0.7419 & 0.0142 & 0.7177 & 0.9266 & 0.6050 & 0.0809 & 0.2143 & 0.8571 & 0.5295 & 0.0173 & 0.5085 & 0.6346 & 0.6582 & 0.6876 & 0.7979 \\
0.9402 & 0.6907 & 0.8208 & 0.0754 & 0.0832 & 0.7799 & 0.5714 & 0.4285 & 0.6970 & 0.5320 & 0.3160 & 0.7897 & 0.9640 & 0.2278 & 0.0126 & 0.0509 \\
0.0039 & 0.0752 & 0.1570 & 0.0394 & 0.7021 & 0.0761 & 0.7140 & 0.0506 & 0.0632 & 0.0090 & 0.9784 & 0.0557 & 0.2227 & 0.0072 & 0.5188 & 0.1148 \\
0.1827 & 0.2784 & 0.6307 & 0.8952 & 0.4492 & 0.0517 & 0.5779 & 0.7142 & 0.1212 & 0.0216 & 0.7909 & 0.0092 & 0.0570 & 0.2911 & 0.0706 & 0.6329
\end{bmatrix}$$

4.1.4 评价结果

基于改进模糊综合评价法对 2012—2016 年宁夏沿黄经济区水资源短缺风险进行评价,根据表 4-2 中权重值的计算结果,以灰色关联系数改进传统模糊综合评价隶属度,结合灰色关联系数关系矩阵,采用式(4-5)多指标综合测算法对宁夏沿黄经济区水资源短缺风险进行测算,结果见表 4-3。

表 4-3 宁夏沿黄经济区水资源短缺风险评价结果

地区	评价指标	年份				
		2012 年	2013 年	2014 年	2015 年	2016 年
银川市	水资源禀赋	0.07	0.10	0.09	0.08	0.11
	水资源利用	0.03	0.02	0.03	0.02	0.03
	水环境	0.31	0.31	0.32	0.33	0.27
	社会经济	0.07	0.07	0.07	0.07	0.09
	总风险指数	0.48	0.50	0.51	0.50	0.50
石嘴山市	水资源禀赋	0.06	0.12	0.11	0.14	0.16
	水资源利用	0.06	0.07	0.03	0.03	0.05
	水环境	0.22	0.20	0.18	0.17	0.08
	社会经济	0.13	0.12	0.12	0.13	0.15
	总风险指数	0.47	0.51	0.44	0.47	0.44
吴忠市	水资源禀赋	0.01	0.01	0.02	0.02	0.02
	水资源利用	0.08	0.08	0.06	0.08	0.10
	水环境	0.10	0.09	0.08	0.07	0.03
	社会经济	0.23	0.23	0.23	0.23	0.26
	总风险指数	0.42	0.41	0.39	0.40	0.41
中卫市	水资源禀赋	0.04	0.09	0.10	0.08	0.07
	水资源利用	0.09	0.09	0.09	0.11	0.11
	水环境	0.00	0.00	0.00	0.00	0.04
	社会经济	0.25	0.25	0.25	0.25	0.26
	总风险指数	0.41	0.46	0.46	0.44	0.48

取 5 年计算结果的平均值,可得宁夏沿黄经济区 4 市水资源短缺风险现状系数,见表 4-4。

表 4-4　宁夏沿黄经济区水资源短缺风险现状系数

地区	水资源禀赋	水资源利用	水环境	社会经济	总风险指数
银川市	0.09	0.03	0.31	0.07	0.50
石嘴山市	0.12	0.05	0.17	0.13	0.47
吴忠市	0.02	0.08	0.07	0.24	0.41
中卫市	0.08	0.10	0.01	0.25	0.44

在水资源短缺风险等级的划分中,根据改进模糊综合评价的计算结果,参考水资源短缺风险等级划分标准[69,143-146],并借鉴相关文献的研究成果[142],同时考虑宁夏沿黄经济区水资源利用现状的实际情况,确定风险等级划分标准,见表 4-5。Ⅰ级表示水资源状况较好,能够满足社会经济的发展;Ⅲ级表示水资源短缺状况一般,基本处于平衡状态,水资源与社会经济基本协调;Ⅴ级表示水资源短缺状况极差,水资源已严重影响经济社会的发展;Ⅱ级和Ⅳ级均处于过渡状态,通过不同的开发利用措施,可分别向其他 3 个等级发展。

表 4-5　水资源短缺风险等级划分

风险系数	$R \geqslant 0.6$	$0.55 \leqslant R < 0.6$	$0.45 \leqslant R < 0.55$	$0.3 \leqslant R < 0.45$	$R < 0.3$
风险等级	Ⅰ级(低风险)	Ⅱ级(较低风险)	Ⅲ级(中等风险)	Ⅳ级(较高风险)	Ⅴ级(高风险)

4.1.5　结果分析

(1) 对表 4-2 所示宁夏沿黄经济区水资源短缺风险评价指标权重值进行分析,从沿黄经济区整体来看,水资源禀赋、社会经济和水环境权重较大,水资源利用权重较小,说明水资源禀赋、社会经济和水环境在水资源短缺风险等级评价中起主导作用,能够直接反映宁夏沿黄经济区水资源短缺风险状况,为研究沿黄经济区水资源可持续利用、合理调整产业结构以及为区域经济社会的健康发展提供理论依据。

在水资源短缺风险评价指标层中,对各指标进行权重分析,水资源禀赋有 4 个分层指标,产水模数和径流深权重较大,这说明随着近年来城镇化进程的加快,用水需水量不断增加,已经成为沿黄经济区水资源短缺风险评价的重要影响因子。年降水量占较小的比例,这是因为受地理位置和气候条件的影响,宁夏沿黄经济区位于我国西北内陆干旱地区,经济社会的发展主要依靠过境黄河水。因此,合理利用水资源,控制和减少水环境污染,提高水资源的利用效率,对提高经济社会发展活力以及降低水资源短缺风险有着重要的影响。

在水资源利用准则层中,工业用水量、农业用水量和人均用水量占权重较大,这说明沿黄经济区工业、农业、生活对水资源的需求量较大,是导致经济区水资源短缺风险的重要影响因素。从近几年各地市水资源公报来看,三个方面的用水量已达到用水总量的90%以上,这从侧面反映了沿黄经济区第二产业工业发展快速,第一产业农业仍然耗水过大,水资源利用效率低下,浪费严重。随着沿黄经济区人口的增长和社会的发展,生活用水量也在增加。

在社会经济准则层中,人口密度、人均 GDP 和万元 GDP 用水量权重较大,说明人文经济社会的发展依靠自然资源的支撑,为加快沿黄经济区经济社会的发展,应该因地制宜,使经济增长与水资源利用之间实现健康有效的良性互动,为水资源短缺提供经济保障。

在水环境准则层中,污水处理回用量权重较大,说明改进节水技术措施,增加节水投资,提高水资源的利用效率对降低水资源短缺风险和加快经济社会的健康发展具有重要的意义。

(2) 对表 4-4 所示水资源短缺风险现状系数进行分析,从空间地域上看,银川市作为宁夏首府,水资源短缺总风险指数最大,达到了 0.50,同时银川市水资源禀赋和水环境系数也较高,属于中等风险;石嘴山市水资源短缺总风险指数仅次于银川市,达到了 0.47,也属于中等风险;中卫市为宁夏中西部城市,水资源短缺总风险指数为 0.44,仅次于银川市和石嘴山市,高于吴忠市,处于较高风险,水资源面临严重短缺风险;吴忠市水资源短缺总风险指数为 0.41,处于宁夏沿黄四市的末位,说明吴忠市水资源短缺风险较大。

(3) 从影响因素来看,为了更好地对水资源短缺风险进行分析,将影响水资源短缺的因素分为资源本身(水资源禀赋)和其他(水资源利用、水环境、社会经济等)两类。水资源禀赋条件是表征地区水资源量的重要标志。一个地区水资源禀赋效应越高,资源约束就越弱,人们的关注程度就越低,水资源的利用效率通常越低,继而引起用水量的增加。水资源利用状况是对区域水资源利用起约束作用的指标,说明处理水资源短缺问题的关键是提高水资源的利用效率,特别是农业用水效率的提升,对节减水资源的消耗,降低水资源短缺风险有着重要的影响。水环境是衡量资源环境质量的主要标志,而社会经济状况是促进水资源利用的主要因素,较高的经济增长率提高了水资源的利用率,尤其是万元 GDP 用水量的增加,极大地增加了用水量。但经济水平的提高增大了节水投资,节水技术措施和节水设备的改善及治污基础设施的增加,提高了水资源的利用率。所以经济的增长对水资源的影响是双重的,而影响水资源短缺的影响因素不仅来源于资源自身的短缺,更多的是来源于经济社会调控手段、调控效率、社会适应能力、水资源短缺状况的不匹配和缺失,要解决存在的风险问题,应重视社会适应能力与水资源短缺的耦合匹配程度,使之最大限度达到耦合协调发展状态。

4.1.6　小结

综上所述,运用改进模糊综合评价法对宁夏沿黄经济区水资源短缺风险进行评价,基于熵值法确定权重,降低了主观因素对评价结果的影响,提高了评价结果的准确性和可靠性,为水资源短缺风险评价提供了一种新的思路。灰色关联系数改进传统模糊综合评价法的隶属度,减少了评价等级的差距,降低了对主观评价结果的影响,在区域水资源短缺评价中应用较好。采用综合指数模型计算水资源短缺风险指数,提高了评价结果的准确性和可靠性。研究结果表明:宁夏沿黄经济区水资源短缺风险状况处于中等风险,其中银川市和石嘴山市处于中等风险,吴忠市和中卫市处于较高风险。

在科学评价宁夏沿黄经济区水资源短缺风险的基础上,对水资源短缺风险影响因素进行定性分析,通过对水资源短缺各指标进行测算,确定水资源短缺风险的影响因素。由研究结果可知:水资源禀赋、社会经济和水环境的发展是影响水资源短缺风险的主要因素,水资源禀赋指标受地理位置和气候条件的影响,而社会经济与水环境和人文社会系统有关,当自然水资源相对缺乏,人文社会系统会受到影响,交互胁迫作用关系愈加明显。这就意味着在应对资源短缺问题时,必须强调经济社会的主动调整与水资源短缺、水环境污染的相互适应过程与响应。因此,解决水问题的关键是如何使二者最大限度达到耦合协调发展状态。

4.2　宁夏水资源短缺与社会适应能力耦合协调发展评价

现代社会中,水在社会经济系统中的活动状况正成为控制社会系统的主导力量,社会水循环极大地受到自然因素的制约,但是根本驱动因子是人和社会经济系统[62]。解决水资源问题可采用的对策扩大到社会经济领域[62],应该充分考虑经济社会的主动调整与水资源短缺、水环境污染的相互适应过程及响应等社会资源的作用[148],并应反映人类干预调控下社会水循环的积极(成长)和消极(水质恶化及用水区域演变)的特征[22]。通过社会经济系统的调节,为资源环境减荷。

社会适应性能力为人类社会应对资源环境变化带来的外部压力与抗干扰的能力,指特定社会开展应付自然资源稀缺的方法手段的能力,以及接受、采纳和运用这项措施的能力[55-57],包括经济发展、社会、教育、人类公平、管理及制度能力等。L. Ohlsson[53]指出社会适应自然资源短缺的能力受经济发展水平、教育水平和制度能力的影响,把社会适应能力解释为自然资源稀缺时的社会资源量;

A. Turton[148]把社会适应能力分为结构成分(经济、人力、社会公平)和社会成分(政治自由、民众可承受能力、制度能力)两个部分。对于水资源而言,社会适应能力可以理解为当人类社会系统受到水资源短缺或环境变化冲击时,内部调动足够社会资源以缓解系统压力并使其能够重新自我组织,以使生产力、水资源、社会关系和经济发展等关键因素不发生显著变化的过程[150]。社会适应性主体是人类经济社会系统,经济社会资源投入的多少决定了人类对水资源短缺的应对能力。

社会适应能力在应对水资源短缺时十分关键且有效。相当多的研究者发现,通过耦合及协调实现系统要素的动态匹配过程是解决水资源短缺的有效手段。Portnov 认为在适当的规划和调控下,能够降低人类活动影响或减小对水资源的影响范围;J. Liu 等[11]提出了人与自然二者耦合的概念,认为自然资源出现短缺使社会经济系统受到影响后,社会经济系统会发挥作用并使整体损失降到最低。一方面,社会经济的发展使水资源的需求利用量增加,加大了水资源短缺程度,另一方面,社会经济的发展带来的经济保障、技术支撑、管理手段也为节约水资源和减少水污染提供了进步空间;社会经济调控措施的实施可以增加社会适应能力对水资源短缺的响应,并有效地缓解水影响下的水环境问题[151-152]。

但是社会经济适应能力与水问题之间是如何协调的?目前的资源投入在不同的发展阶段对水问题解决的效率及匹配程度如何?耦合是指两个或两个以上系统运动之间通过各种相互作用而彼此影响的现象。协调指系统内各个要素之间的和谐一致程度、配合恰当的良性互动的最优发展状态[152-154],可通过协调各子系统的内部关系,减少系统内部的矛盾来实现。在协调发展理论中[155],发展是系统演化的最终目标,而协调是对系统演化趋势和方向的有效约束。耦合协调度可以描述两种或两种以上要素彼此之间作用的程度。

从目前水资源短缺与社会适应能力耦合关系研究特点来看,水资源与社会经济活动之间既存在相互遏制的矛盾关系,又具有相互促进的协调关系。尤其是水资源先天缺乏的地区,资源环境的总量总是难以满足无限的社会经济发展需求,二者之间的矛盾是现实存在的。但是社会经济的增长带来的资源环境保护意识的提升、恢复资金的投入、知识和科技的进步、经济效率的提升、管理水平的适应等社会资源的投入又能够在不损害资源环境或者对环境的伤害降到最低的前提下,使之能够在一定的容量内实现资源与人文社会系统的健康可持续发展,二者之间的相互作用又能够形成相互促进的和谐响应关系。解决地区的水资源短缺问题,不仅仅是单纯的"开源""节水""治污"等问题,关键是要基于区域水资源严重短缺的现状及水环境现实存在的问题,将城市经济社会发展与水系统看成一个整体,系统研究经济社会的发展与区域水资源、水环境系统的响应关系及约束机制,认识其演变规律,重视社会经济活动在资源环境认知的逐步加深、技术进步和管理水平的基础上主动、自律地调整,以形成二者之间的良好匹配关系,为增强社会对水环境、水资源问题的响应及适应能力、调节能力,提出针对性策略,从而达到人与水和谐。

我国许多地区,特别是西北干旱地区,面临水资源短缺严重问题,旱区水资源短缺与社会适应能力耦合关系以可持续发展理论为基础,核心是提高水资源的利用效率和效益,优化配置水资源,实现水资源利用与经济社会协调发展以保证用水安全及生态环境和谐等目标。解决旱区水资源短缺问题,直接关系人文社会经济的健康可持续发展。

宁夏水资源短缺是区域经济社会健康快速发展的主要制约因素,但是经济社会的发展也可以缓解或加剧水资源的供需矛盾。在干旱地区水资源短缺风险评价的基础上,从系统、科学的角度建立评价指标体系,选择合适的方法对旱区水资源短缺状况做出科学合理的评价,充分考虑资源-社会-经济复杂系统的良性互动机理,探讨系统内部的互动反馈机制,从而揭示制约水资源短缺与社会适应能力耦合发展过程中存在的问题,提出提升社会适应能力和改善水资源短缺的对策。

水资源禀赋及社会经济和水环境的发展是影响宁夏水资源短缺风险的主要因素,在科学评价宁夏沿黄经济区水资源短缺风险的基础上,通过对水资源短缺各指标的测算,确定水资源短缺风险的影响因素,使水资源利用与经济社会发展最大限度地达到耦合协调发展状态。为了进一步了解水资源系统与社会经济适应能力的耦合协调关系,本书在水资源短缺风险评价的基础上,从社会水循环的角度出发,将水循环过程分为取水、配水、用水、回水四个环节,选取构建沿黄经济区水资源短缺指标体系。在社会适应能力准则层中,考虑社会发展状况和经济增长基础两个方面选取评价指标,研究二者之间的耦合协调机理,为缓解区域水资源短缺和促进经济社会的健康发展提供借鉴。

人文社会经济等因素的发展及调控可增加或者减少水资源短缺风险,水资源的可持续利用要求在实现人类社会应对资源缺乏能力健康发展的同时,减少水资源的消耗,降低水资源短缺风险,使水资源与人文社会经济系统最大限度达到耦合协调的状态,最终实现水资源和人文社会经济的健康可持续发展。一方面,社会经济的发展增加了水资源的需求量,增大了水资源短缺程度,同时为节约水资源和减少水污染提供了经济保障和技术支撑。另一方面,社会经济的发展离不开水资源的保障,是经济健康快速发展的资源基础,充足的水资源可以为经济的健康快速发展提供足够的动力和条件。目前,相关的研究成果大多数是在实证研究的基础上得到的,忽视了人文经济社会系统的作用,在正确认识人类自身应对资源缺乏的调节、适应性能力,明晰水资源短缺与人类社会应对能力以及二者之间的耦合关系方面的研究相对较少,至今尚未形成独立的理论体系。因此,水资源短缺与社会适应能力耦合协调关系的研究是水资源可持续利用和经济社会的健康发展的关键。基于此,本书对宁夏沿黄经济区水资源短缺和社会适应能力进行综合评价,并在此基础上定量分析了二者之间的耦合关系,为水资源的可持续利用和经济社会的健康发展提供了借鉴。

4.2.1 指标体系的构建原则

水资源是人类社会发展的重要保障,是一个由众多因子构成的涵盖多个领域的复杂水系统。这些因子相互作用、相互制约,直接或间接反映了水资源短缺的整体状态。而社会适应性能力是一个多维、复杂的概念,包含经济社会发展、教育、社会公平、制度能力等方面的诸多因素,是一个多纬度的复杂概念,是指人类社会应对资源缺乏的响应及调节能力和适应能力。建立能够从各个方面综合体现和衡量水资源短缺及社会适应能力状况的指标体系是评价工作的前提和基础。在研究水资源短缺与社会适应能力耦合关系方面,国外学者进行了许多方面的探讨,但是由于认识的角度不同,指标选取、评价方法和模型都有差异。

水资源系统是一个动态的系统,随着人类活动对其产生的影响,水资源问题已扩大到经济社会系统中,在处理水资源问题时,考虑水资源的社会属性是解决水资源问题的关键。因此,评价二者之间的耦合关系不仅是对资源本身的评价,也是对人文社会经济系统的评价。

水资源短缺与社会适应能力是两个复杂的系统,合理地构建评价指标体系是科学、全面地评价二者耦合协调发展水平的关键,也是进行综合评价的基础。指标选取过多会对评价结果产生干扰,过少则可能导致指标选取缺乏足够的代表性,会产生片面性。因此,在建立评价指标时应当遵循以下原则:

(1)区域性原则

由于各地区社会、经济、资源环境等都存在一定差异,因此在对评价对象进行综合评价时,理应结合研究区域的自然经济概况来科学、合理地选取指标,使评价指标的选取具有区域代表性。

(2)科学性原则

评价指标的选取理应从遵循科学理论的角度出发,选取的指标应该具有规范的统计方法和准确的含义,能很好地反映研究对象的某个方面的特点。因此,应该在评价分析的基础上,选择能够科学、全面反映研究对象各个方面的特征,并且能够客观反映各系统内部以及与子系统之间的相互关系。

(3)代表性和相对独立性原则

评价指标的选取应具有代表性,能够反映研究区域的整体情况,同时应遵循相对独立性原则,同一指标层应尽量不重叠,尽可能减少具有重复性的指标,相互之间不能存在因果关系。指标体系要简明扼要、层次分明,使评价结果能够真实反映评价目的。

（4）动态性原则

水资源短缺与社会适应能力两个系统随着区域的发展而处于不断动态变化之中,评价指标的选取和评价标准的确定理应结合客观实际,能全面反映研究对象各个方面的指标。

（5）定量性原则

为实现对水资源短缺与社会适应能力耦合协调发展水平的数值表达,能够反映二者之间的良性互动关系,应尽量选取可量化的指标。

（6）可行性原则

指标选取应可行,符合客观实际水平,有稳定可靠的数据来源,便于处理,也就是应具有可测性。评价指标数据理应规范,含义明确,资料易收集。

4.2.2　指标体系的选取

区域水资源短缺与社会适应能力耦合关系评价体系的建立,应该根据区域水资源与人文社会经济的特点,考虑区域社会经济发展不平衡、水资源开发利用程度及科技文化水平的差异等。在借鉴国内外研究成果的基础上,遵循科学、简明、实用的原则基础上,既要注重评价方法的科学性,又要考虑不同指标对不同方法的具体要求,从而提高评价结果的可靠性和适用性。人文社会经济等因素的发展及调控可升高或者降低水资源短缺风险,水资源的可持续利用要求在实现人类社会应对资源缺乏能力健康发展的同时,减少水资源的消耗,降低水资源短缺风险,使水资源与人文社会经济系统最大限度实现耦合协调的状态,最终实现水资源和人文社会经济的健康可持续发展。一方面,社会经济的发展增加了水资源的需求量,加大了水资源短缺程度,同时为节约水资源和减少水污染提供了经济保障和技术支撑。另一方面,社会经济的发展离不开水资源的保障,是经济健康快速发展的资源基础,充足的水资源可以为经济的健康快速发展提供足够的动力和条件。

综合评价系统的组成和特点,水资源系统遵循可持续发展理论,结合区域水资源的特点,从社会水循环的角度出发,区域水资源系统主要由取水、配水、用水、回水四个环节组成。社会适应能力系统遵循协调发展理论,结合区域社会经济发展现状,主要包括社会发展状况和经济增长基础两个子系统。各评价系统如图 4-1 所示。

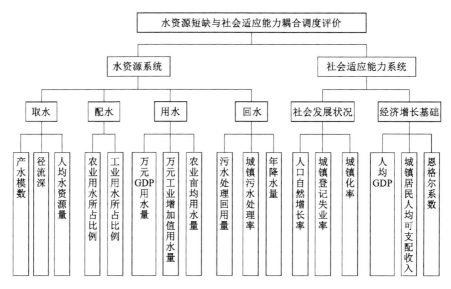

图 4-1　宁夏沿黄经济区水资源短缺与社会适应能力耦合协调度评价指标体系

4.2.2.1　水资源短缺评价指标选取

科学、全面地选取评价指标体系是研究水资源短缺与社会适应能力耦合协调关系的关键。对水资源短缺系统评价指标及方法的研究成果有：姜秋香等[134]采用改进 TOPSIS 模型以水资源、社会经济、生态环境和社会发展为准则来构建水资源短缺风险评价指标体系。李菊等[140]引入正态云模型。杨哲等[141]基于模糊熵与灰色聚类二维评判模型，并构建水资源短缺评价指标体系，对水资源短缺风险进行了评价。目前有关对水资源短缺评价指标的选取，大多数集中在单一要素的评价上，缺少对水系统循环过程因素的表征评价。因此，本书结合宁夏沿黄经济区水资源短缺利用现状，从社会水循环（取水——配水——用水——回水）的角度出发，科学全面地构建水资源短缺评价指标体系，选取了11 个评价指标，对宁夏沿黄经济区水资源短缺状况进行了综合评价。

在取水指标层中，选取产水模数、径流深来表征水资源禀赋条件，而用人均水资源量来衡量区域水资源短缺程度。在配水指标层中，选取农业用水所占比例和工业用水所占比例来表征水资源的整体利用效率。在用水指标层中，选取万元 GDP 用水量和万元工业增加值用水量来衡量经济社会发展过程中水资源利用效率。在用水结构中，农业用水量占用水总量的比例最大且主要用于灌溉，水资源用水效率最低，因此选用农业亩均用水量来衡量水资源使用状况。在回水指标层中，选用污水处理回用量和城镇污水处理率来表征社会经济发展过程中对水环境产生反馈式循环流程的用水模式,降低了对水资源的消耗,在一定程度上改善了水资源短缺状况。降水对水资源短缺具有一定的缓解作用,降雨量在一定范围内越丰富对缓解水资源短缺越有利,因此选取年降水量指标来表征水资源回水状况。

4.2.2.2 社会适应能力评价指标选取

在社会发展状况和经济增长基础两个方面选取了 6 个评价指标体系,对宁夏沿黄经济区经济社会发展状况进行综合评价。在社会发展状况指标层中,选取人口自然增长率来表征社会人口状况,反映区域人口再生活动的发展程度和趋势,同时还能反映人口对资源环境的压力状况,表征区域人口对水资源短缺压力的动态性。城镇登记失业率体现了人们的生活能力和生活水平。城镇化率用来表征区域经济社会发展水平,是衡量社会管理水平的重要标志,综合体现了城镇化水平和社会发展水平,体现了社会人口的结构状况。在经济增长基础指标层中,GDP 是反映地区经济发展整体水平的最佳指标,而人均 GDP 更能体现研究区域的人均水平,反映了研究区域一定时期内的经济发展水平。城镇居民人均可支配收入和恩格尔系数反映了社会人口生活水平。

4.2.3 数据的来源

本书以宁夏沿黄四市的水资源短缺利用现状和社会经济发展为基础,开展了水资源短缺与社会适应能力耦合协调度评价的相关研究。依据本书所选取的评价指标,收集了 2012—2016 年宁夏沿黄四市的水资源短缺与社会适应能力的相关数据,原始数据来源于 2012—2016 年《宁夏水资源公报》《宁夏环境统计年报》《宁夏统计年鉴》《宁夏国民经济和社会发展统计公报》以及宁夏沿黄四市2012—2016 共计 5 年的水资源报告和国民经济总体情况的统计报告等。

4.2.4 水资源短缺与社会适应能力耦合协调度分析

4.2.4.1 耦合的概念

系统耦合是指两个(或两个以上)系统,通过某种介质,在一定条件下进化的过程[11]。协调是指两种或两种以上要素之间的一种良性循环关系[156-157]。耦合度是用来描述系统与子系统之间耦合关系的量纲,反映了系统与子系统之间的良性互动关系[158]。此外,耦合度仅反映各系统之间相互关系的强弱,而不能反映之间作用关系的方向和利弊,因而在描述系统之间或系统与子系统之间的相互作用关系时,必须借助耦合协调度加以度量。从协调发展理论来看,耦合协调度[159-161]是描述系统之间或系统与子系统之间从非平衡到平衡、从无序到有序的一种演化过程,系统内部协调发展过程确定了其演化的路径、方向和特点。由于水资源短缺和社会适应能力这两个系统是有关联性的,二者之间能够产生相互作用影响。因此,引入耦合协调度模型对二者的关联性进行研究。

4.2.4.2 耦合协调度模型

(1)数据标准化

为了消除不同量纲不可以比较的相关问题,对原始数据进行标准化处理。

正项指标:

$$X_{ij}' = \frac{X_{ij} - \min\{X_j\}}{\max\{X_j\} - \min\{X_j\}} \tag{4-6}$$

反向指标:

$$X_{ij}' = \frac{\max\{X_j\} - X_{ij}}{\max\{X_j\} - \min\{X_j\}} \tag{4-7}$$

式中　X_{ij}'——标准化值;

　　　X_{ij}——第 i 年第 j 个指标的原始数据;

　　　$\min\{X_j\}$——第 j 个指标的最小值;

　　　$\max\{X_j\}$——第 j 个指标的最大值。

(2)综合指数模型

利用求得的权重(W_x, W_y)乘以对应指标的标准化数值可以量化得到水资源短缺评价值 $f(x)$ 和社会适应能力评价值 $g(y)$。

水资源短缺综合指数:

$$f(x) = \sum_{i=1}^{n} X_{ij}' W_x \tag{4-8}$$

社会适应能力综合指数:

$$g(y) = \sum_{i=1}^{n} Y_{ij}' W_y \tag{4-9}$$

式中　X_{ij}', Y_{ij}'——X, Y 的标准化值;

　　　W_x, W_y——X, Y 的权重值。

(3)协调度计算

为更好地反映水资源短缺程度与社会适应能力之间的耦合协调发展水平,引入耦合度计算公式:

$$C = \left\{ \frac{f(x)g(y)}{\left[\frac{f(x) + g(y)}{2} \right]^2} \right\}^k \tag{4-10}$$

$$T = \alpha f(x) + \beta g(y) \tag{4-11}$$

$$D = \sqrt{CT} \tag{4-12}$$

式中　C——协调度;

　　　k——调节系数,$2 \leqslant k \leqslant 5$(取 $k=2$);

　　　D——耦合协调度;

　　　T——水资源短缺与社会适应能力协调发展水平;

　　　α,β——待定系数,由于区域水资源短缺与社会适应能力发展地位同等重要,故取 $\alpha=\beta=0.5$。

耦合协调度 D 的测算值越大,说明水资源短缺与社会适应能力系统的耦合协调发展状况就越好;相反,D 的测算值越小,说明二者之间没有协调健康发展。

4.2.4.3　耦合协调类型判别

根据耦合协调度,结合协调度,借助已有文献的划分标准[150-162],同时考虑宁夏沿黄经济区水资源短缺与社会适应能力发展的实际情况,将水资源短缺与社会适应能力的整体协调发展状况按以下类别进行划分(表 4-6)。

表 4-6　耦合协调等级的区间划分

等级	区间	评价	等级	区间	评价
C	0～0.09	极度失调	D	0～0.09	极度失调衰退
	0.1～0.19	严重失调		0.1～0.19	严重失调衰退
	0.2～0.29	中度失调		0.2～0.29	中度失调衰退
	0.3～0.39	轻度失调		0.3～0.39	轻度失调衰退
	0.4～0.49	濒临失调		0.4～0.49	濒临失调衰退
	0.5～0.59	勉强耦合		0.5～0.59	勉强耦合协调
	0.6～0.69	初级耦合		0.6～0.69	初级耦合协调
	0.7～0.79	中级耦合		0.7～0.79	中级耦合协调
	0.8～0.89	良好耦合		0.8～0.89	良好耦合协调
	0.9～1.0	优质耦合		0.9～1.0	优质耦合协调

4.2.4.4　原始数据处理

采用标准化处理公式[式(4-6)、式(4-7)],将 2012—2016 年宁夏沿黄经济区水资源短缺与社会适应能力评价指标原始数据进行标准化处理。以 2016 年宁夏沿黄经济区水资源短缺与社会适应能力评价指标标准化结果为例,标准化结果见表 4-7,2012—2015 年的计算结果见附表 1 至附表 4。

表 4-7　2016 年宁夏沿黄经济区水资源短缺与社会适应能力评价指标数据标准化及权重

目标层	决策层	指标层	银川市	石嘴山市	吴忠市	中卫市	权重
水资源短缺	取水	产水模数	1.000 0	0.940 2	0.000 0	0.182 7	0.082 6
		径流深	1.000 0	0.690 7	0.000 0	0.278 4	0.041 9
		人均水资源量	0.000 0	0.820 8	0.156 9	1.000 0	0.012 9
	配水	农业用水所占比例	0.000 0	0.183 7	0.947 7	1.000 0	0.000 7
		工业用水所占比例	0.000 0	0.983 5	0.338 8	1.000 0	0.040 3
	用水	万元 GDP 用水量	0.000 0	0.316 0	0.978 4	1.000 0	0.067 0
		万元工业增加值用水量	0.214 3	0.571 4	0.000 0	1.000 0	0.011 6
		农业亩均用水量	1.000 0	0.697 0	0.000 0	0.121 2	0.003 0
	回水	污水处理回用量	1.000 0	0.227 8	0.000 0	0.291 1	0.410 0
		城镇污水处理率	0.797 9	0.000 0	0.114 8	1.000 0	0.314 4
		年降水量	0.717 7	0.000 0	1.000 0	0.895 2	0.015 7
社会适应能力	社会发展状况	人口自然增长率	0.541 9	0.000 0	1.000 0	0.922 9	0.159 7
		城镇登记失业率	0.000 0	1.000 0	0.240 0	1.000 0	0.003 0
		城镇化率	1.000 0	0.964 0	0.222 7	0.000 0	0.242 5
	经济增长基础	人均 GDP	1.000 0	0.789 7	0.055 7	0.000 0	0.523 3
		人均可支配收入	1.000 0	0.374 0	0.010 3	0.000 0	0.042 0
		恩格尔系数	0.906 3	1.000 0	0.781 3	0.000 0	0.029 7

4.2.4.5　权重的确定

本书采用熵值法对水资源短缺与社会适应能力两个系统进行指标权重的计算,根据收集到的数据,通过计算权重值来判断某一事件的重要性程度,结合各个指标变量的变异性程度,得出对应指标变量的权重值。

根据式(4-1)、式(4-2)、式(4-3)计算 2012—2016 年宁夏沿黄经济区水资源短缺与社会适应能力评价指标的综合权重值,以 2016 年宁夏沿黄经济区水资源短缺与社会适应能力评价指标权重值为例,结果见表 4-7,2012—2015 年权重见附表 1 至附表 4。

4.2.5　结果与分析

4.2.5.1　计算结果

根据图 4-1 所示耦合协调度评价指标体系,结合各指标标准化处理的结果,运用多指标综合测算模型,采用式(4-8)、式(4-9)计算宁夏沿黄经济区水资源短缺系统和社会适应能力系统的综合评估值,见表4-8。以宁夏沿黄经济区水资源短缺与社会适应能力综合评估值为基础,结合耦合协调度模型,采用式(4-10)至式(4-12)计算得到宁夏沿黄经济区水资源短缺与社会适应能力耦合协调度,见表4-9。

表4-8　宁夏沿黄经济区水资源短缺与社会适应能力的耦合协调发展评估值

年份	银川市		石嘴山市		吴忠市		中卫市	
	水资源短缺	社会适应能力	水资源短缺	社会适应能力	水资源短缺	社会适应能力	水资源短缺	社会适应能力
2012 年	0.710 3	0.888 6	0.512 9	0.772 8	0.098 7	0.177 0	0.171 5	0.108 7
2013 年	0.769 9	0.868 5	0.825 8	0.763 8	0.122 0	0.199 5	0.155 9	0.160 3
2014 年	0.746 1	0.840 5	0.583 5	0.661 5	0.160 6	0.316 6	0.293 2	0.236 9
2015 年	0.736 9	0.852 5	0.603 2	0.668 6	0.415 8	0.286 8	0.333 1	0.166 5
2016 年	0.799 5	0.921 1	0.670 1	0.695 3	0.438 2	0.267 1	0.529 6	0.150 3

表4-9　宁夏沿黄经济区水资源短缺与社会适应能力的协调度和耦合协调度

银川市	C	T	D	协调度	耦合协调度
2012 年	0.975 3	0.799 4	0.883 0	优质耦合	良好耦合协调
2013 年	0.992 8	0.819 2	0.901 8	优质耦合	优质耦合协调
2014 年	0.992 9	0.793 3	0.887 5	优质耦合	良好耦合协调
2015 年	0.989 5	0.794 7	0.886 8	优质耦合	良好耦合协调
2016 年	0.990 0	0.860 3	0.922 9	优质耦合	优质耦合协调
石嘴山市	C	T	D	协调度	耦合协调度
2012 年	0.919 9	0.642 9	0.769 0	优质耦合	中级耦合协调
2013 年	0.997 0	0.794 8	0.890 2	优质耦合	良好耦合协调
2014 年	0.992 2	0.622 5	0.785 9	优质耦合	中级耦合协调
2015 年	0.994 7	0.635 9	0.795 3	优质耦合	中级耦合协调
2016 年	0.999 3	0.682 2	0.826 0	优质耦合	良好耦合协调
吴忠市	C	T	D	协调度	耦合协调度
2012 年	0.845 1	0.137 8	0.341 3	良好耦合	轻度失调衰退
2013 年	0.886 9	0.160 7	0.377 6	良好耦合	轻度失调衰退

表4-9（续）

银川市	C	T	D	协调度	耦合协调度
2014 年	0.797 5	0.238 6	0.436 2	中级耦合	濒临失调衰退
2015 年	0.933 7	0.351 3	0.572 7	优质耦合	勉强耦合协调
2016 年	0.885 8	0.352 7	0.558 9	良好耦合	勉强耦合协调
中卫市	C	T	D	协调度	耦合协调度
2012 年	0.474 5	0.140 1	0.355 5	濒临失调	轻度失调衰退
2013 年	0.789 9	0.158 1	0.397 6	中级耦合	轻度失调衰退
2014 年	0.999 0	0.265 0	0.509 0	优质耦合	勉强耦合协调
2015 年	0.977 6	0.249 8	0.444 2	优质耦合	濒临失调衰退
2016 年	0.901 9	0.340 0	0.401 7	优质耦合	濒临失调衰退

4.2.5.2 水资源短缺与社会适应能力状态评估

根据表 4-8 所示水资源短缺与社会适应能力耦合协调发展评估值的计算结果,绘制宁夏沿黄经济区水资源短缺系统与社会适应能力系统状态评估值的时间变化趋势图,如图 4-2 和图 4-3 所示。

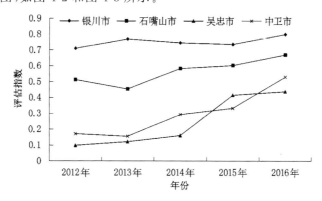

图 4-2 宁夏沿黄经济区水资源短缺系统评估指数变化趋势

由图 4-2 和图 4-3 可知:宁夏沿黄经济区水资源短缺与社会适应能力发展状况整体呈上升趋势。其中,2012—2016 年宁夏沿黄四市水资源短缺状况呈波浪式增长,社会适应能力也处于缓慢增长的态势,主要是因为在"十二五"规划期间宁夏沿黄各市处于各自发展的状态,追求经济增长最大化,当自然资源与经济社会发展出现矛盾时,水资源与经济社会发展的关系还处于探索阶段。而在 2012 年宁夏实行最严格的水资源管理制度,很大程度上缓解了水资源短缺的状

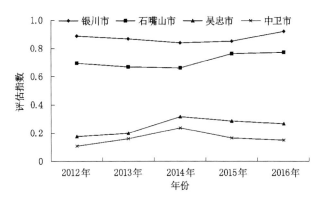

图 4-3　宁夏沿黄经济区社会适应能力系统评估指数变化趋势

况。2014 年宁夏提出建立有效的水资源利用机制,严格执行各行业用水定额和指标控制制度,提高了水资源的开发利用效率,使得宁夏沿黄四市水资源短缺综合评价指数处于高水平状态。其中银川市和石嘴山市水资源短缺综合评价指数处于较高水平,并且总体呈上升趋势。银川市和石嘴山市的万元 GDP 用水量由 2012 年的 212 m³ 和 288 m³ 降低至 2016 年的 120 m³ 和 193 m³,分别降低了43.40% 和 32.40%,说明综合用水效率得到了很大的提升。吴忠市和中卫市的水资源短缺综合评价指数较低,但也呈现增长状态。从分区用水量最大、用水效率最低的农业亩均用水量来看,中卫市和吴忠市的农业亩均用水量由 2012 年的822 m³ 和 787 m³ 降到 2016 年的 589 m³ 和 573 m³,分别降低了 28.35% 和27.19%,说明农业用水效率得到了很好的提升。从社会适应能力发展水平来看,宁夏沿黄四市的综合评价指数都呈上升趋势,其中银川市和石嘴山市发展水平较高,吴忠市和中卫市其次。

　　虽然水资源短缺与社会适应能力综合评估指数都处于上升趋势,但二者之间发展关系并不明确。当社会适应能力超过水资源承载力时,会加剧水资源短缺,相应的,水资源短缺系统对社会经济发展的制约作用也愈加明显,主要体现在人文经济社会的发展是以资源消耗为代价的发展状态。当社会适应能力落后于水资源短缺系统时,主要表现为人文经济社会的发展并没有根据水资源的实际状况实现资源的优化配置,处于一种盲目的节水状态;当社会适应能力与水资源短缺系统处于协调发展状态时,人文经济社会的发展促进了水资源的高效利用,同时充足的水资源又为人文经济社会的发展提供了资源保障。

4.2.5.3　水资源短缺与社会适应能力耦合协调度时序分析

　　根据表 4-9 的计算结果,对宁夏沿黄经济区水资源短缺与社会适应能力协调发展关系进行分析。

（1）协调度分析

取 5 年计算结果的平均值来看,宁夏沿黄四市的协调度数值均处于 0.8～1.0 之间,表明宁夏沿黄经济区各市的水资源短缺与社会适应能力协调度处于良好耦合和优质耦合两个阶段。根据协调度 C 的计算结果,宁夏沿黄经济区处于优质耦合的有银川市和石嘴山市,其数值均在 0.9～1.0 之间,说明该地区水资源短缺与社会适应能力发展程度差别不大,反映了宁夏沿黄经济区水资源与社会适应能力二者存在共生现象。从近 5 年宁夏沿黄四市协调度数值变化趋势来看,银川市和石嘴山市基本处于稳定水平;吴忠市处于波动性增长状态;中卫市变化幅度较大,2014 年出现拐点(接近 1.0),说明水资源短缺与社会适应能力的耦合协调关系开始变化,向优质耦合方向发展,主要是因为 2014 年自治区确立的水权制度和用水指标的控制,促进了水资源利用效率的提高和社会经济的发展,使得协调度处于高水平状态。

（2）耦合协调度分析

从 5 年计算结果的平均值来看,宁夏沿黄四市的耦合协调度数值均处于 0.4～0.5 和 0.8～0.9 之间,表明宁夏沿黄经济区各市的水资源短缺与社会适应能力耦合协调度基本处于失调衰退和耦合协调两个阶段。根据协调度、耦合协调度计算结果,结合宁夏沿黄四市水资源短缺程度与经济社会水平现状,基本上可以反映宁夏沿黄四市的实际状况。银川市耦合协调度最高,基本处于良好耦合协调发展和优质耦合协调发展阶段。这是因为银川市水资源短缺程度与经济社会适应能力发展水平居于四市首位,在水资源有效利用、污水处理回用等方面处于高水平地位。经济社会的发展一定程度上促进了地区节水措施、节水政策的制定,二者发挥良性作用,推动了水资源与社会经济的整体协调发展。石嘴山市水资源短缺与社会适应能力耦合协调度总体处于居中水平,其数值均处于 0.7～0.9 之间,且呈波动式增长。吴忠市和中卫市耦合协调度相对较差,但也呈现不断升高趋势。

（3）状态评估值分析

从水资源短缺与社会适应能力发展评估指数来看,宁夏沿黄经济区各市的社会适应能力状态评估值低于水资源短缺系统评估值,这是导致水资源短缺与社会适应能力耦合协调发展状态处于中低度协调发展的主要原因。

4.2.6 水资源短缺与社会适应能力耦合协调度区域差距变化分析

研究区域差距变化统计分析的方法有很多,其中泰尔指数、变异系数和基尼系数应用广泛。基于本书主要是借助区域协调发展变化差距来更直观地描述宁夏沿黄经济区水资源短缺与社会适应能力耦合协调度的区域差异,选用经济学中的基尼系数来研究水资源短缺与社会适应能力协调度和耦合协调度的发展关系。基尼系数越大,表明区域发展不平等程度越高,反之亦然。

其中,协调度的基尼系数公式如下:

$$G_C = \frac{\left[\dfrac{\sum\limits_{i=1}^{n}\sum\limits_{j=1}^{n}|C_i - C_j|}{n(n-1)}\right]}{2u} \tag{4-13}$$

式中　G_C——协调度基尼系数;

C_i,C_j——第 i(或 j)年的协调度;

n——评价指标对象个数($n=4$);

u——第 i(或 j)年的协调度平均值。

耦合协调度的基尼系数公式如下:

$$G_D = \frac{\left[\dfrac{\sum\limits_{i=1}^{n}\sum\limits_{j=1}^{n}|D_i - D_j|}{n(n-1)}\right]}{2u} \tag{4-14}$$

式中　G_D——耦合协调度基尼系数;

D_i,D_j——第 i(或 j)年的耦合协调度;

n——评价指标对象个数($n=4$);

u——第 i(或 j)年的耦合协调度平均值。

将表 4-9 的计算结果代入式(4-8)、式(4-9),得到宁夏沿黄经济区水资源短缺与社会适应能力的协调度基尼系数和耦合协调度基尼系数,见表 4-10。

表 4-10　水资源短缺与社会适应能力的协调度基层系数和耦合协调度基尼系数

基尼系数	2012 年	2013 年	2014 年	2015 年	2016 年
G_C	0.081 8	0.033 1	0.026 7	0.008 3	0.018 9
G_D	0.144 7	0.134 1	0.103 8	0.095 7	0.112 6

根据表 4-10 的计算结果,绘制宁夏沿黄经济区水资源短缺与社会适应能力协调度和耦合协调度基尼系数区域差距变化图,如图 4-4 所示。

由图 4-4 的变化结果可知:2012—2016 年宁夏沿黄经济区四市水资源短缺与社会适应能力协调度和耦合协调度区域差距变化基尼系数分别处于 0.008~0.08 和 0.09~0.15 之间,且均呈现下降趋势,协调度基尼系数下降幅度较大,说明宁夏沿黄经济区四市水资源短缺与社会适应能力协调度、耦合协调度区域

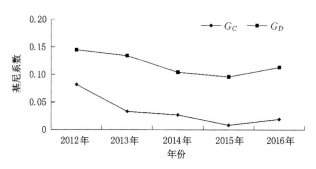

图 4-4　水资源短缺与社会适应能力耦合度与耦合协调度区域差距变化趋势

差距不平等水平在逐渐缩小,向较好的方向发展。这是因为"十二五"期间宁夏沿黄经济区四市经济处于不同的发展状态,水资源利用状况也处于不断变化之中,此时沿黄经济区水资源短缺与社会适应能力协调度也处于较低的发展水平。而在 2012 年宁夏实行最严格的水资源管理制度,很大程度上促进了水资源的节约,使得二者之间的耦合度逐渐变高。2014 年宁夏提出建立有效的水资源利用机制,严格执行各行业用水定额和指标控制制度,使得宁夏沿黄四市的水资源短缺和社会适应能力的差距逐渐缩小。

4.2.7　小结

在熵值法的基础上,采用多指标综合测算模型对 2012—2016 年宁夏沿黄经济区水资源短缺与社会适应能力系统进行综合评估。评估结果表明:

首先,宁夏沿黄经济区水资源短缺与社会适应能力发展状况整体呈上升趋势。从水资源发展状况来看,水资源短缺状况呈波浪式增长。其中,银川市和石嘴山市水资源短缺综合评价指数处于较高水平,总体呈上升趋势。吴忠市和中卫市的水资源短缺综合评价指数较低,但也处于增长状态。从社会适应能力发展状况来看,社会适应能力也处于缓慢增长的态势,银川市和石嘴山市发展水平较好,吴忠市和中卫市其次。

其次,在此基础上,结合耦合协调度模型,对研究区域水资源短缺与社会适应能力耦合协调度进行评价,并对二者之间的相互作用关系进行了实证分析。从协调度数值来看,宁夏沿黄四市的协调度数值均处于 0.8～1.0 之间,表明宁夏沿黄经济区各市的水资源短缺与社会适应能力协调度基本处于良好耦合和优质耦合两个阶段;从协调度变化趋势来看,银川市和石嘴山市基本处于稳定水平;吴忠市处于波动式增长状态;中卫市变化幅度较大,2014 年出现拐点(接近1.0),说明水资源短缺与社会适应能力的耦合协调关系开始变化,向优质耦合方向发展。从耦合协调度数值来看,宁夏沿黄经济区各市的水资源短缺与社会适应能力耦合协调度处于失调衰退和耦合协调两个阶段。其中,银川市耦合协调度最大,基本处于良好耦合协调发展和优质耦合协调发展阶段;石嘴山市耦合协调度处于居中水平,其数值均处于 0.7~0.9 之间,且呈波动式增长。吴忠市和中卫市耦合协调度相对较差,但也呈现不断升高趋势。

最后,采用基尼系数对沿黄经济区水资源短缺与社会适应能力耦合协调度区域差距变化进行了分析。研究结果表明:宁夏沿黄经济区四市水资源短缺与社会适应能力协调度和耦合协调度区域差距变化基尼系数均呈下降趋势,协调度基尼系数下降幅度较大,沿黄四市区域差距在逐渐缩小,向较好的方向发展。

4.2.8　提升社会适应能力及改善水资源短缺的对策

对协调度、耦合协调度分析可知:水资源短缺和社会适应能力同荣衰,共进退。水短缺不再是来自资源本身的约束,而是来自社会经济的调控手段、调控效率,水资源短缺和社会适应能力的不匹配和缺失,任何一方的倾斜都无益于解决水短缺问题。

为实现在水资源短缺与社会适应能力的优质耦合基础上的优质协调发展,进行问题特性、规律的相关研究,针对宁夏水资源短缺及社会适应能力存在的问题,提出如下相关对策:

(1)进一步推行最严格的水资源管理制度。

严格的水资源管理制度是缓解宁夏水资源短缺问题的关键,结合现阶段研究区域水资源开发利用现状,对水资源进行科学规划和管理,针对水资源过度开发、水资源利用效率低和水污染等问题,对取水、配水、用水、回水等环节严格管理水资源。充分利用市场的作用,适当调节水价,借鉴不同地区的水资源管理模式,制定不同行业标准的阶梯水价。加快地区行业用水水质标准和行业用水排污标准的制定,切实提高水资源的利用效率。最严格水资源管理制度的贯彻实施,促使宁夏采取分配、技术等手段,提高用水效率,改善用水行为,减少污水的排放,维持生态平衡,降低水资源开发利用率,以实现水资源与社会经济的健康可持续发展。

(2)尝试合理实施虚拟水战略。

虚拟水战略是利用产品交易的方式调整产业结构和激励补偿措施来提高区域水资源的配置效益,充分利用社会资源来缓解水资源压力的典型。在一些经济社会发展不平衡、水资源分配模式与社会经济发展调控模式不匹配的国家或地区,虚拟水战略显得特别重要,从社会适应能力对策研究中重视社会资源与自然资源之间的替代功能,能较好地缓解局部水资源短缺压力,为旱区缺水地区的水资源管理提供了一个崭新的视角。在研究区域已有的社会经济调控策略的基础上,侧重社会经济水循环的环境驱动,合理实施虚拟水战略,增强社会调控能力,是区域突破局限于实体水资源解决水资源短缺问题思路的扩展和实践。

增加虚拟水战略和增强社会调控能力,是区域突破局限于利用实体水资源解决水资源短缺问题思路的拓展和实践,缺水地区是实施虚拟水战略最重要的环境背景,也是虚拟水战略理论最重要的前提假设。虚拟水的提出拓宽了社会水循环的研究领域,突破了以往研究围绕"实体水"的束缚,为研究水资源的利用提供了一个新的思路。针对宁夏的虚拟水战略的研究还没有完全展开,在节水型社会建设、三条红线、污水再生回用等已有措施实施下,尝试合理实施虚拟水策略,对宁夏城市水循环科学规律、"人-水"响应关系、社会自律调节能力等科学问题的解决具有重要的现实意义。国内外对虚拟水的研究及大量实践经验,为该区域的研究开展提供了极为有用的参考作用,同时对于西北干旱地区的虚拟水研究,也是较好的补充,对"一带一路"倡议贸易的实施也具有指导作用。

(3)进一步完善水权水市场。

水权水市场是市场经济调控下水利体制改革的重要内容,也是高效利用水资源、合理分配水资源和缓解用水冲突的一种重要手段。根据宁夏经济社会中长期发展规划,遵循建立完善水权、水市场的新理念,优化配置水资源,是促进社会、经济、生态健康可持续发展的重要支撑。建立完善的水权水市场,要以水资源、水环境可容纳量为约束条件,将水质和水量考虑到规范中,同时要结合生态需求和均衡资源分配,利用水权水市场提高资源利用效率和实现资源的优化配置,政府加大投入力度和提高环境保护的责任。通过制定各行业的用水定额,在区域人文社会发展和经济增长的基础上科学、合理地进行水量分配。

(4)加强宣传力度,推动公众参与。

社会适应能力强调水资源的多元治理。有限的水资源在地区、行业和用户之间进行合理的分配才能提高其利用效率。社会适应能力理论的引入将水短缺与水污染统一于社会化水资源管理和调控中,从而一并解决。要最终解决水短缺与社会适应能力的协调发展问题,取决于城市社会经济可提供的资源的量和对资源综合调控、自律调整的能力,在政府有关政策的指导下,加强节约用水的宣传力度,提高公众的参与热情,共同构筑治理水资源问题的防火墙,避免一些重大决策失误。

第 5 章　旱区典型城市水资源、环境承载力及其提升策略

5.1　宁夏水环境承载力变化趋势及影响因素研究

　　水环境承载力是衡量水资源是否具有可持续性的一个重要指标,同时是水资源与社会经济发展相互关联的一个关键因子,对协调区域经济、社会、环境可持续发展具有重要意义[162]。

　　国内外学者针对水环境承载力评价开展了许多研究,评价方法主要有向量模法、模糊综合评价法和主成分分析法等。其中向量模法虽然直观、简单易行,但是忽略了水环境承载力概念的模糊性和向量所具有的方向性,对评价结果的可靠性影响较大[163];模糊综合评价法准确性较好,可操作性较强,但是信息利用率较低,易受人为主观因素影响[164]。主成分分析法相比向量模法和模糊综合评价法能在保证数据信息损失最小的前提下,对高维变量系统进行最佳综合和简化,弥补了过多考虑单承载因子的不足,可以解决由参数变量难以掌握得出不合理结论的缺陷[165-166],客观性强,更具科学性。

　　在水环境承载力评价过程中,除了需要确定合适的评价方法,指标的选取代表性也是关键,指标与评价目标关联度低,会影响结果的准确性,指标过多,虽然接近真实,但获取和处理基础数据难度大,计算过程过于烦琐,且指标之间存在重叠等问题,因此筛选出数量合适、关联度较大的指标对评价结果客观性影响较大。通过灰色关联分析确定指标间的关联程度,选择关联度大的指标建立评价指标体系,对待选指标进行简化,既方便了计算,又提高了结果的可靠性,较好地解决了指标体系确定的主观性和不易实施性[167-169]。

　　因此,本研究结合灰色关联分析法和主成分分析法[170]的优点和缺点,根据宁夏 2010—2015 年的统计资料,采用灰色关联分析选取影响水环境承载力的主要因素并建立评价指标体系,进一步应用主成分分析对宁夏水环境承载力进行综合评价。

5.1.1 资料与方法

5.1.1.1 灰色关联分析法

灰色关联分析法是通过灰色关联度来描述因素之间关系的强弱、大小和次序的多因素分析技术[171],通过关联度排序可以找出影响系统的主要因素。由于水环境承载力研究涉及范围广、内容复杂,各影响因素作用程度不同,自身就是一个灰色非线性系统,因此,可以采用灰色关联分析简化指标体系,一般的步骤为[167-174]:

(1) 收集整理原始数据,并进行同极性化和标准化处理。

(2) 确定参考序列和比较序列。参考序列记为 x_0,比较序列记为 x_i,一般表示为:

$$x_0 = \{x_0(1), x_0(2), \cdots, x_0(n)\} \tag{5-1}$$

$$x_i = \{x_i(1), x_i(2), \cdots, x_i(n)\} \tag{5-2}$$

式中,$i = 0, 1, 2, \cdots, m$。

(3) 计算比较序列相对于参考序列的关联系数。

$$\gamma_{0i}(k) = \frac{\min\limits_{i}\min\limits_{k}|x_0(k) - x_i(k)| + \rho\max\limits_{i}\max\limits_{k}|x_0(k) - x_i(k)|}{|x_0(k) - x_i(k)| + \rho\max\limits_{i}\max\limits_{k}|x_0(k) - x_i(k)|} \tag{5-3}$$

式中 ρ——分辨系数,用以降低极值对计算的影响,取值范围为 0~1,通常取 0.5。

(4) 计算比较序列相对于参考序列的关联度。

$$\Gamma_i = \frac{1}{m}\sum_{k=1}^{m}\gamma_{0i}(k) \tag{5-4}$$

5.1.1.2 主成分分析法

主成分分析法是利用降维思路,设法将多个影响因素重新组合成能够描述整体统计特性的数量尽可能少的几个不相关的主成分,并对其实际意义做出合理解释。一般步骤为[175-176]:(1)收集、处理原始数据,并进行同极性化和标准化处理;(2)将处理后的数据进行相关系数矩阵计算;(3)计算相关系数矩阵的特征值和特征向量;(4)计算贡献率和累计贡献率,一般提取特征值大于1或者累计贡献率达到85%及以上的确定为主成分;(5)根据各个主成分的贡献率进行综合评价。

5.1.1.3 指标选取和数据来源

根据水环境承载力的概念和指标的选取原则,考虑宁夏经济、社会、环境现状以及资料的连续性和可获得性,从水资源、水环境和社会经济三个系统中初步选取了 18 个指标作为宁夏水环境承载力研究的待选指标(表 5-1)。

表 5-1 宁夏水环境承载力评价待选指标

指标系统	具体指标	指标系统	具体指标
水资源指标	水资源开发利用率 X_0/%	社会、经济指标	人口密度 X_9/(人/km^2)
	年降水量 X_1/(亿/m^3)		人均 GDP X_{10}/(万元/人)
	人均水资源量 X_2/(m^3/人)		用水总量 X_{11}/亿 m^3
水环境指标	工业废水排放量 X_3/万 t		人均用水量 X_{12}/(m^3/人)
	工业 COD 排放量 X_4/t		万元 GDP 用水量 X_{13}/(m^3/万元)
	城镇生活污水排放量 X_5/万 t		万元工业增加值用水量 X_{14}/(m^3/万元)
	城镇生活污水 COD 排放量 X_6/t		人均生活用水量 X_{15}/(L/d)
	城市污水处理率 X_7/%		农田灌溉亩均用水量 X_{16}/m^3
	工业污水处理回用量 X_8/亿 m^3		生态用水量 X_{17}/亿 m^3

数据来源于 2010—2015 年的《中国统计年鉴》《宁夏统计年鉴》《宁夏水资源公报》。

5.1.2 宁夏水环境承载力分析

5.1.2.1 基于灰色关联分析法的宁夏水环境承载力指标体系简化

根据区域 2013—2015 年的数据,运用 spss 22.0 统计分析软件将待选指标数据同极性化和标准化处理(表 5-2)。

表 5-2 待选指标标准化

年份	X_0	X_1	X_2	X_3	X_4	X_5	X_6	X_7	X_8
2013 年	1.153	−0.125	1.049	0.062	−0.633	−0.636	0.672	−0.745	−0.832
2014 年	−0.627	1.057	−0.107	0.967	−0.520	−0.516	0.477	−0.392	−0.277
2015 年	−0.526	−0.932	−0.942	−1.030	1.153	1.153	−1.149	1.137	1.109
年份	X_9	X_{10}	X_{11}	X_{12}	X_{13}	X_{14}	X_{15}	X_{16}	X_{17}
2013 年	1.028	−1.060	−1.153	−1.137	−1.085	−0.735	0.721	−0.362	−1.082
2014 年	−0.059	0.132	0.627	0.394	0.200	−0.403	0.421	1.131	0.890
2015 年	−0.969	0.927	0.526	0.743	0.885	1.139	−1.142	−0.768	0.192

首先以水资源开发利用率作为参考数列为例,根据式(5-3)和式(5-4)对表 5-2 中数据进行计算,得到各比较数列对于水资源开发利用率数列的关联系数和关联度(表 5-3)。然后同样按照上述步骤计算,依次改变参考序列,求出所有两两数列的关联度值得到关联矩阵 R。最后求出关联矩阵 R 中各行平均值并排序。

矩阵 R 第一行,即表 5-3 所示水资源开发利用率与各指标的关联度值,按其大小排序为 $X_2 > X_9 > X_{15} > X_6 > X_4 > X_5 > X_{16} > X_3 > X_{14} > X_1 > X_7 > X_8 > X_{17} > X_{10} > X_{13} > X_{12}$,由此可知人均水资源量、人口密度以及各个方面用水量等因素对该区域水资源开发利用率影响较大。

表 5-3 比较序列与参考序列的关联系数及关联度

年份	γ_{00}	γ_{01}	γ_{02}	γ_{03}	γ_{04}	γ_{05}	γ_{06}	γ_{07}	γ_{08}
2013 年	—	0.517	1.000	0.560	0.428	0.427	0.769	0.412	0.401
2014 年	—	0.443	0.751	0.458	0.997	0.995	0.557	0.905	0.837
2015 年	—	0.807	0.801	0.759	0.444	0.444	0.708	0.447	0.451
Γ_0	1	0.589	0.851	0.592	0.623	0.622	0.678	0.588	0.563

年份	γ_{09}	γ_{010}	γ_{011}	γ_{012}	γ_{013}	γ_{014}	γ_{015}	γ_{016}	γ_{017}
2013 年	0.983	0.374	0.363	0.365	0.371	0.413	0.793	0.471	0.371
2014 年	0.730	0.657	0.522	0.578	0.635	0.913	0.571	0.432	0.471
2015 年	0.788	0.482	0.570	0.519	0.490	0.446	0.711	0.901	0.672
Γ_0	0.834	0.504	0.485	0.487	0.499	0.591	0.692	0.601	0.505

由矩阵 R 还可以得出其他指标的各影响因素的影响程度。对参考序列的选取非常重要,选取作为参考序列的指标应该为所有指标中最重要的指标[170],本研究鉴于选取参考指标的侧重点不同,得出的指标简化结果会受到主观性影响,故将所有指标两两进行关联度计算,并得出 R 中各行平均值,大小排序为 $X_8 > X_{10} > X_7 > X_{14} > X_{12} > X_{13} > X_5 > X_{11} > X_3 > X_0 > X_4 > X_{17} > X_{16} > X_9 > X_{15} > X_6 > X_2 > X_1$,则与该区域水环境承载力联系最为密切的 10 个指标分别是:水资源开发利用率 X_0、工业废水排放量 X_3、城镇生活污水排放量 X_5、城市污水处理率 X_7、工业污水处理回用量 X_8、人均 GDP X_{10}、用水总量 X_{11}、人均用水量 X_{12}、万元 GDP 用水量 X_{13}、万元工业增加值用水量 X_{14},这些指标综合体现了该区域社会经济人口系统对水资源的需求量、用水效率及一些污染源对区域水环境承载力的影响。

$$R=\begin{bmatrix}
1 & 0.589 & 0.851 & 0.592 & 0.623 & 0.622 & 0.678 & 0.588 & 0.563 & 0.834 & 0.504 & 0.485 & 0.487 & 0.499 & 0.591 & 0.692 & 0.601 & 0.505 \\
0.522 & 1 & 0.651 & 0.903 & 0.473 & 0.472 & 0.686 & 0.465 & 0.462 & 0.648 & 0.477 & 0.548 & 0.506 & 0.483 & 0.465 & 0.675 & 0.880 & 0.628 \\
0.780 & 0.660 & 1 & 0.660 & 0.494 & 0.494 & 0.754 & 0.512 & 0.533 & 0.981 & 0.517 & 0.458 & 0.477 & 0.504 & 0.510 & 0.772 & 0.597 & 0.457 \\
0.560 & 0.948 & 0.688 & 1 & 0.481 & 0.481 & 0.785 & 0.477 & 0.476 & 0.701 & 0.499 & 0.580 & 0.532 & 0.506 & 0.477 & 0.773 & 0.843 & 0.666 \\
0.571 & 0.491 & 0.499 & 0.468 & 1 & 0.998 & 0.446 & 0.933 & 0.881 & 0.492 & 0.735 & 0.612 & 0.664 & 0.715 & 0.938 & 0.448 & 0.532 & 0.571 \\
0.570 & 0.490 & 0.499 & 0.468 & 0.998 & 1 & 0.446 & 0.934 & 0.882 & 0.492 & 0.736 & 0.613 & 0.664 & 0.716 & 0.940 & 0.448 & 0.531 & 0.572 \\
0.626 & 0.704 & 0.760 & 0.759 & 0.449 & 0.449 & 1 & 0.454 & 0.461 & 0.775 & 0.512 & 0.563 & 0.570 & 0.524 & 0.453 & 0.975 & 0.643 & 0.535 \\
0.538 & 0.483 & 0.516 & 0.464 & 0.934 & 0.935 & 0.450 & 1 & 0.940 & 0.507 & 0.773 & 0.640 & 0.695 & 0.751 & 0.995 & 0.453 & 0.519 & 0.598 \\
0.524 & 0.488 & 0.546 & 0.471 & 0.900 & 0.901 & 0.465 & 0.960 & 1 & 0.535 & 0.828 & 0.680 & 0.711 & 0.804 & 0.954 & 0.469 & 0.521 & 0.636 \\
0.770 & 0.662 & 0.990 & 0.677 & 0.489 & 0.489 & 0.776 & 0.506 & 0.526 & 1 & 0.530 & 0.465 & 0.486 & 0.516 & 0.504 & 0.795 & 0.599 & 0.462 \\
0.462 & 0.497 & 0.523 & 0.485 & 0.742 & 0.743 & 0.510 & 0.781 & 0.822 & 0.533 & 1 & 0.798 & 0.884 & 0.981 & 0.778 & 0.519 & 0.522 & 0.739 \\
0.451 & 0.574 & 0.471 & 0.569 & 0.621 & 0.622 & 0.568 & 0.650 & 0.678 & 0.476 & 0.800 & 1 & 0.899 & 0.823 & 0.647 & 0.554 & 0.595 & 0.856 \\
0.452 & 0.531 & 0.488 & 0.523 & 0.672 & 0.672 & 0.574 & 0.704 & 0.736 & 0.495 & 0.883 & 0.898 & 1 & 0.913 & 0.701 & 0.587 & 0.553 & 0.787 \\
0.451 & 0.496 & 0.504 & 0.486 & 0.711 & 0.712 & 0.516 & 0.748 & 0.785 & 0.513 & 0.964 & 0.810 & 0.900 & 1 & 0.744 & 0.526 & 0.520 & 0.746 \\
0.541 & 0.483 & 0.514 & 0.464 & 0.940 & 0.941 & 0.450 & 0.995 & 0.934 & 0.505 & 0.769 & 0.638 & 0.692 & 0.748 & 1 & 0.453 & 0.520 & 0.596 \\
0.637 & 0.693 & 0.777 & 0.746 & 0.450 & 0.450 & 0.975 & 0.456 & 0.464 & 0.793 & 0.519 & 0.549 & 0.583 & 0.533 & 0.455 & 1 & 0.633 & 0.524 \\
0.553 & 0.928 & 0.606 & 0.838 & 0.532 & 0.531 & 0.644 & 0.516 & 0.508 & 0.604 & 0.514 & 0.585 & 0.541 & 0.519 & 0.517 & 0.634 & 1 & 0.672 \\
0.457 & 0.638 & 0.457 & 0.637 & 0.566 & 0.567 & 0.526 & 0.593 & 0.620 & 0.460 & 0.728 & 0.842 & 0.774 & 0.746 & 0.591 & 0.516 & 0.658 & 1 \\
\end{bmatrix}$$

5.1.2.2　基于主成分分析的宁夏水环境承载力研究

首先选取由灰色关联分析简化得到的 10 个指标（X_0、X_3、X_5、X_7、X_8、X_{10}、X_{11}、X_{12}、X_{13}、X_{14}）来构建宁夏水环境承载力的综合指标体系。运用 spss 22.0 统计分析软件对 2010—2015 年的 10 个指标数据进行标准化处理，进而得出 10 个指标的相关系数矩阵（表 5-4）、主成分特征值、贡献率和累计贡献率（表 5-5）、主成分荷载矩阵（表 5-6）、主成分得分系数矩阵（表 5-7）。

表 5-4　相关系数矩阵

	X_0	X_3	X_5	X_7	X_8	X_{10}	X_{11}	X_{12}	X_{13}	X_{14}
X_0	1									
X_3	−0.551	1								
X_5	0.033	−0.304	1							
X_7	−0.619	0.936	−0.049	1						
X_8	−0.348	0.797	0.282	0.876	1					
X_{10}	−0.541	0.920	0.093	0.948	0.950	1				
X_{11}	−0.831	0.578	−0.008	0.727	0.503	0.568	1			
X_{12}	−0.748	0.787	0.136	0.913	0.826	0.858	0.899	1		
X_{13}	0.589	0.905	0.125	0.956	0.952	0.995	0.640	0.904	1	
X_{14}	−0.488	0.680	0.488	0.816	0.929	0.911	0.498	0.801	0.918	1

表 5-5　主成分特征值、贡献率和累计贡献率

主成分	特征值	贡献率/%	累计贡献率/%
1	7.243	72.428	72.428
2	1.457	14.573	87.001

表 5-6　主成分荷载矩阵

因子	主成分 1	主成分 2	因子	主成分 1	主成分 2
X_0	−0.687	0.364	X_{10}	0.966	0.085
X_3	0.891	−0.289	X_{11}	0.758	−0.324
X_5	0.110	0.908	X_{12}	0.958	−0.062
X_7	0.971	−0.116	X_{13}	0.985	0.080
X_8	0.911	0.307	X_{14}	0.891	0.433

表 5-7　主成分得分系数矩阵

因子	主成分 1	主成分 2	因子	主成分 1	主成分 2
X_0	-0.095	0.249	X_{10}	0.133	0.058
X_3	0.123	-0.199	X_{11}	0.105	-0.222
X_5	0.015	0.623	X_{12}	0.132	-0.043
X_7	0.134	-0.080	X_{13}	0.136	0.055
X_8	0.126	0.211	X_{14}	0.123	0.297

由表 5-4 可知：所选取的指标之间存在一定的相关关系，指标信息之间存在重叠，可以采用主成分分析法。由表 5-5 可知：特征根 $\lambda_1 = 7.243$，特征根 $\lambda_2 = 1.457$，前 2 个主成分的累计方差贡献率达 87.001%，即涵盖了大部分信息，这表明前 2 个主成分能够代表最初的 10 个指标来分析宁夏水环境承载力状况，故提取前 2 个主成分即可。

由表 5-6 可知：

(1) 指标 X_3、X_7、X_8、X_{10}、X_{12}、X_{13}、X_{14} 在第一主成分上有较高荷载，所以相关性强，并且基本涵盖了社会、经济和水环境的主要指标，综合性较强。

其中，X_3、X_8、X_{14} 均反映工业排废及工业用水状况。近年来，宁夏工业园区迅速发展，工业增加值不断增大，从 2010 年到 2015 年净增长量为 336.67 亿元，增长率为 52.36%，主要包括宁东能源化工基地、银川经济技术开发区和石嘴山工业园区等，企业主要为能源化工业、重工业制造业以及纺织业等耗水量、排污量较大的企业。因此，工业需水量、用水量、工业废水排放量以及回用量都是影响宁夏水环境承载力的重要因素。

X_{10}、X_{12}、X_{13} 反映社会经济发展状况及社会经济系统对水资源的需求总量。宁夏城镇化稳定增长，2015 年增长至 55%，区内经济发展加快，工业增加值不断增长，国内生产总值也随之增长，并且随着人口增多，"三产"也逐渐增加，用水需求量日益增加，都对宁夏水环境承载力产生重要影响。

(2) 第二主成分与城镇生活污水排放量 X_5 有紧密的正相关关系，对 2010—2015 年城镇生活污水排放量情况分析，城镇生活污水排放量逐年增加，2011 年之后超过工业废水排放总量，且现有城市排水系统不够完善，甚至部分地区没有配套建设生活污水处理厂，使得生活污水直接排入水体，出现黑臭现象，也影响着宁夏水环境承载力。

表 5-7 列出了前两个主成分的特征根对应的特征向量，即两个主成分解析表达式中的标准化变量的系数向量，其表达式分别如下：

$$F_1 = -0.095X_0 + 0.123X_3 + 0.015X_5 + 0.134X_7 +$$

$$0.126X_8 + 0.133X_{10} + 0.105X_{11} + 0.132X_{12} \tag{5-5}$$

$$F_2 = 0.249X_0 - 0.199X_3 + 0.623X_5 - 0.080X_7 + 0.211X_8 +$$
$$0.058X_{10} - 0.222X_{11} - 0.043X_{12} + 0.055X_{13} + 0.297X_{14} \tag{5-6}$$

5.1.2.3 采用主成分分析法对宁夏水环境承载力评价的讨论

随着主成分分析法的广泛应用,形成了一种以主成分的贡献率作为权重,对各主成分得分进行加权求和来计算综合得分并进行综合排名的方法(表 5-8 综合得分 Y 列),但是张鹄志、李育安等学者对该综合得分方法的可靠性提出了质疑并对其不科学性做了阐述[177-179],说明了综合得分包含的信息量并没有第一主成分的高,而且无论是主成分的贡献率、得分,还是后来的综合得分法都只能反映数值上的变化趋势,并不能说明这种趋势的实际影响是正面的还是负面的。因此,本研究依据第一主成分得分 Y_1 的数值变化趋势结合表 5-6 中荷载较高的指标来综合分析 2010—2015 年宁夏水环境承载力的变化情况:

由表 5-8 可知:

(1)第一主成分得分 Y_1 从 2010 年到 2015 年逐年增加(其正负值仅表示宁夏各年水环境承载力所处位置,并不反映真实水环境承载力水平)。

(2)第一主成分的贡献率达到 72.428%,是影响宁夏水环境承载力的最主要的因子,虽然宁夏近些年的工业园区发展迅速,但是根据第一主成分中荷载较高的几个指标的原始数据来看,2010—2015 年 X_3、X_{12}、X_{13}、X_{14} 逐年降低,降低率分别为 25.18%、7.85%、43.22%、31.56%,并且 X_7、X_8、X_{10} 逐年增加,增加率分别为 19.97%、33.69%、38.02%。这两个趋势都对宁夏水环境承载力产生正面影响。

(3)第二主成分中的 X_5 虽然逐年增加,对宁夏水环境承载力产生了负面影响,但是 X_7 逐年增高,而且第二主成分的贡献率较低,所以对宁夏水环境承载力产生的影响较小。

综上所述,可以得出第一主成分得分 Y_1 数值上逐年增加,可以得出 2010—2015 年宁夏水环境承载力呈逐年上升趋势的结论。

表 5-8 主成分得分矩阵

年份	Y_1	Y_2	综合得分 Y
2010 年	−1.473 48	0.408 98	−1.01
2011 年	−0.915 6	0.184 84	−0.64
2012 年	0.155 89	−1.356 47	−0.08
2013 年	0.332 62	−0.186 73	0.45

表5-8（续）

年份	Y_1	Y_2	综合得分 Y
2014 年	0.792 91	−0.637 31	0.48
2015 年	1.107 65	1.586 68	1.03

5.1.3　结论和讨论

（1）通过灰色关联分析,将 18 个影响宁夏水环境承载力的待选指标简化为 10 个,再通过主成分分析将 10 个指标降维为 2 个主成分对宁夏水环境承载力进行综合评价,发现 X_3、X_7、X_8、X_{10}、X_{12}、X_{13}、X_{14} 等指标占据较高的荷载,对宁夏水环境承载力的影响较大。结合宁夏实际发展情况,分析得出了水环境承载力发展趋势,研究结果表明:2010—2015 年宁夏水环境承载力呈逐年上升趋势,但是这种趋势只能说明该区域水环境承载力相对变化有所改善,不能说明宁夏水环境承载力的绝对强弱。

（2）在灰色关联分析过程中,将所有指标两两进行关联度计算,避免了选取单一参考序列引起的结论偏差;在主成分分析过程中,选取第一主成分得分 Y_1 结合指标数据的实际变化情况进行宁夏水环境承载力动态变化分析,避免了综合得分分析方法自身存在的漏洞引起的结论偏差。将灰色关联分析法与主成分分析法相结合,一方面简化了指标体系,克服了数据难获得、处理过程烦琐等问题,另一方面对影响因素进行了双重筛选,有利于得出准确、可靠的评价结果。

5.2　基于再生水回用的银川市水资源环境承载力评价

水资源、水环境承载力是决定社会经济可持续发展速度和规模的重要因素,既是衡量水资源是否具有可持续性的一个重要指标,又是水资源与社会经济发展、生态环境保护相关联的关键因子,对协调区域经济、社会、环境可持续发展具有重要意义。

水资源承载力可定义为:水资源承载能力包括承载主体的优化、水资源系统合理配置、承载客体的适应和调整;人类经济社会系统和生态环境系统的可持续性。计算水资源承载能力是在保证良好的生态环境的水量需求基础上,某个确定时段对经济社会的支撑规模和人口、生活水平的最大支撑能力。水资源承载能力与科技发展水平、社会进步程度以及居民生活标准紧密联系[180]。水环境承载力可优化定义为:在一定时期和区域内,在一定社会经济发展和环境质量保护要求下,水环境功能可持续发展且不朝着恶性方向转变或者发展条件下,区域水环境系统所能支撑的人口、经济、社会可持续发展规模的阈值。这一定义体现了水环境承载力的客观性(由"一定时期和区域"即时空性决定)、可调性(受"经济与环境的制约"等人为因素影响)及相对极限性(通过"阈值"体现)三个重要特征,强调了水环境功能健康是支撑社会经济可持续发展的前提和水环境承载力的基础,水环境承载力的对象是"人口、经济、社会可持续发展规模"的同时,暗含水环境承载力对自身纳污能力与生态健康的承载要求。从内涵上讲,是在一定的自然条件和社会条件下的水环境承载力,还取决于某个特定时空下的管理措施、技术手段和环境标准。水环境承载力是可持续的,在一个长时间段内能够对经济、社会和水环境起到促进作用。

城市污水再生水回用的开源和节流双重功效,既能通过增加有效水资源供应数量来提高水量承载力,又能通过减少污水的排放量,继而提高水质承载力,表现出与水资源及水环境承载力密切的关系。2015 年,M. Dou 等[181]在关于水资源承载力的研究中明确指出污水再生回用率是关键制约因素之一。缺水和水质恶化是制约银川市经济社会发展的主要因素,研究实践表明:城市污水再生水回用既能减少水环境污染,又可以缓解水资源紧缺,是提高水资源、水环境承载力的重要措施。王彬等[182]2012 年以德阳市为例,研究了资源型、水质型缺水城市再生水利用与水资源承载力的关系,提出了基于水资源承载力的再生水利用思路。2015 年,孙伟[183]利用系统动力学模型,以西安市为例,探讨了污水资源化与水资源承载力贡献的关系。

将污水再生回用作为一个影响因素而不是一个子系统来对待的城市水资源、水环境承载力系统行为研究,忽略了污水再生回用系统与水资源、水环境承载力系统之间的紧密联系,不能完整地表达水、经济、社会、环境等领域的复杂关系,将污水再生回用系统嵌入水系统构建基于污水再生回用的水资源、水环境承载力系统动力学模型,完善了系统结构,也能同时体现干旱区再生水回用策略的调控机制。

5.2.1 将系统动力学应用于城市水资源、水环境承载力研究的优势

系统动力学在人口、生态和经济、资源、环境等系统结构较为复杂的领域得到了广泛的应用,是一种借助计算机,用于概念化、建模、仿真、分析、优化和布署复杂动态系统的数学建模技术。

应用系统动力学进行研究的具体步骤为:明确系统仿真目的——确定系统边界——系统结构分析——建立系统动力学模型——计算仿真实验——结果分析——系统模型的修正——方案分析与结论。按以上步骤,分析和模拟银川市

水环境承载力系统。

（1）建模目的

本书建立基于污水再生回用的银川市水环境承载力系统动力学模型,其目的是从系统的角度通过设定不同污水再生回用量作为控制变量,对在人类活动影响下的银川市水环境承载力进行动态、整体、量化研究,为决策部门提供依据。

（2）系统边界的确定

将研究对象所在的区域定义为系统的边界,即银川市中心城区(包括兴庆区、金凤区、西夏区),着重研究边界内影响银川市水环境承载力的关键因素及其相互作用关系以及污水再生回用情况对银川市水环境承载力的影响程度。模拟的时间为 2012—2030 年,基准年是 2012 年,其中 2012—2015 年为历史数据统计年,是建模和验证阶段;2018—2030 年为模拟仿真预测年,是预测和调整阶段。模拟时间间隔为 1 年。

（3）系统结构分析

城市水环境系统内部结构错综复杂,同时受到自然条件和人类社会活动的影响,难以直接进行分析研究,需要层层深入剖析,再做整体的归纳总结。因此,在划定系统边界的基础上,根据水环境承载力的定义和内涵,结合银川市水环境系统的特征与实际情况,将系统分为三个子系统:社会子系统、经济子系统、环境子系统,其中环境子系统由水资源供需子系统、污水再生回用子系统和水环境子系统构成。

① 社会子系统。该子系统是一个复杂的时变系统,以人口为核心,人的生活与生产等过程对水资源、水环境产生重要影响,一方面影响着水资源的消耗与水污染物质的排放,另一方面又通过工程措施对水资源、水环境时空分布产生影响。

人口总量和人口结构对水环境承载力系统产生影响。人口变化可以用人口增长率来综合表述,人口增长速度受人口基数与增长率的影响,同时受水资源、水环境的影响,即受水量与水质的影响。人均水资源量是评价区域水资源情况的重要指标,人口数量过大造成人均水资源量过低时,人口的增长将受到水资源的制约。而水污染物排放量是评价水环境质量的重要指标,当人口数量过大时造成水污染排放量超过最大允许排放量时,造成水质下降,水质性缺水,水环境恶化,人口增长将受到水环境的制约。人口结构包括农村人口与城镇人口,二者均由总人口、城镇化水平共同决定。城镇化的进程和人们生活水平的提高将提高人均日生活用水量,同时提高城镇排污量。

② 经济子系统。经济子系统是城市水环境承载力系统的重要组成部分,其行为对其他子系统及整个系统产生影响。首先,经济子系统中的三大产业结构

及发展状况很大程度上影响着水资源的需求量。其次,水资源开发利用、污水二级处理以及污水回用工程都与经济发展水平密切相关,对水资源供给总量产生影响。再次,水资源和水环境又承载着这三大产业的发展,水资源的短缺、水环境污染将对经济子系统产生限制作用。最后,经济子系统产生的大量的污水、废水对水环境造成影响。

下面对经济子系统的构成进行分析。

按照产业结构分为三大类,即第一产业、第二产业和大三产业。

第一产业为农业,主要有农田灌溉需水和林牧渔畜需水这两个方面农业需水。

第二产业主要分为工业和建筑业。由于建筑业在第二产业中占比较小,因此在后续研究中将工业需水量代替第二产业需水量。工业的供需水量以及工业废水的排放量受工业产值的影响较大。当工业产值不断增加,就会使工业需水量超过供水量,进而影响工业的发展速度,但是工业产值的增加会提高生产技术水平,有利于节水设备的实施,从而提高工业用水重复率,减少万元工业增加值用水量。

第三产业大类分商业、餐饮业和其他服务业。其需水量受城镇化率的影响。随着城镇化进程的加快,社会经济快速发展,提高了第三产业的单位需水量,同时提高了城镇污水排放量。

③ 环境子系统。环境子系统由水资源供需子系统、污水再生回用子系统和水环境子系统构成。

a. 水资源供需子系统。水资源的供需量是评判水环境承载力的重要指标。供水分为地表水供水、地下水供水与其他水源供水,其中其他水源供水包括污水再生回用量。水资源的需求来自社会子系统的需求、经济子系统的需求和环境子系统的需求,具体可以分为生活需水、生产需水和生态需水。水资源的需求量与供给量之差为缺水量,缺水量通过各种缺水影响因子对社会、经济和环境子系统造成影响。

b. 污水再生回用子系统。不考虑农业灌溉,主要分析污水再生回用于城市居民生活、市政杂用、工业以及生态环境等方向的可行性。

Ⅰ. 城市市政及杂用方向。鉴于人民对生活品质的追求日益提升,使其在城市生活、厕所冲洗、浇洒道路、景观生态绿化、建筑施工、洗车等方面的用水量需逐年增加。由于再生水量大,且水质要求低于净水,易处理,可以作为第二水源回用于以上方面。

Ⅱ. 工业用水。工业用水占城市用水很大一部分,在一些工艺用水水质要求不高的方面,如冷却水、洗涤冲洗水,可以用再生水替代。银川市在西夏区南部、西夏区西南部、兴庆区东北部有工业用地,可就近回用城市再生水作为热电厂循环冷却水及低质的工业企业用水。虽然工业用水稳定,用量大,但是银川市中心城区工业企业数量有限,考虑将再生水推广用于城市杂用水及景观环境用水。

Ⅲ. 城市生态用水。城市生态用水应该把再生水的优势考虑在内,尤其是水资源短缺的旱区城市。像城市周边的防护林、绿化带等人工生态林的建设用水以及城市修建的人工湖、景观池塘等水体补水,都可以用再生水补给。考虑到水体富营养化等问题,可以在再生水补水的过程中采取人工曝气、水生植物净化等措施保持水质稳定。

银川市城市境内有艾依河、七子连湖水系,艾依河、阅海水质标准为地表水Ⅳ类,补水可采用深度处理后的再生水。

c. 水环境子系统。首先,水是生态环境的重要构成要素,生态环境的可持续发展要以一定的水量和水质为前提条件;再者,污水排放和污染物排放对环境造成破坏作用。污水排放量主要由生活污水排放量和工业污水排放量组成,从另一个组成层面来看,污水排放量分为二级处理后的排放量和未经处理的直接排放量,经二级处理过的污水一般能降低污水 COD 含量的 80%～90%。污水经由市政管网进入污水处理厂,在污水处理厂进行一级、二级处理后排放或进一步处理为再生水后排放及回用。而水处理与污水回用工程建设又受经济系统的制约。

子系统之间的相互关系:

通过对系统结构的解析可以看出:各系统之间既有关联的地方又有互相制约的地方,构成多个复杂时变的反馈回路,共同影响水环境承载力的变化。水环境系统相互关系如图 5-1 所示。子系统之间的相互关系如下:

Ⅰ. 社会子系统与经济子系统:社会子系统中的城镇人口影响经济子系统中第三产业的发展,总人口决定了人均 GDP 值。

Ⅱ. 社会子系统与环境子系统:社会子系统中的农村与城镇生活需水量通过生活污水排放率与水环境子系统中的生活污水排放量相联系;社会子系统中的生活需水量影响水资源供需子系统中的需水总量,而水资源供需子系统中的供水总量与需水总量的差值——缺水量通过缺水影响因子影响社会子系统中的人口增长速度。环境子系统中的生态需水量影响水资源供需子系统中的需水总量,而水资源供需子系统中的再生水回用量影响着水环境子系统中的未处理污水排放量以及二级出水排放量。

Ⅲ. 经济子系统与环境子系统:经济子系统中的工业需水量通过工业污水排放率来影响水环境子系统中的工业污水排放量,并且环境子系统的水处理与污水回用工程建设又受经济系统的制约。经济子系统中的生产需水量影响着水资源供需子系统的需水总量,而水资源供需子系统中的缺水量制约着经济子系统中的工业增加值、第三产业增加值、GDP 值和灌溉面积的发展。

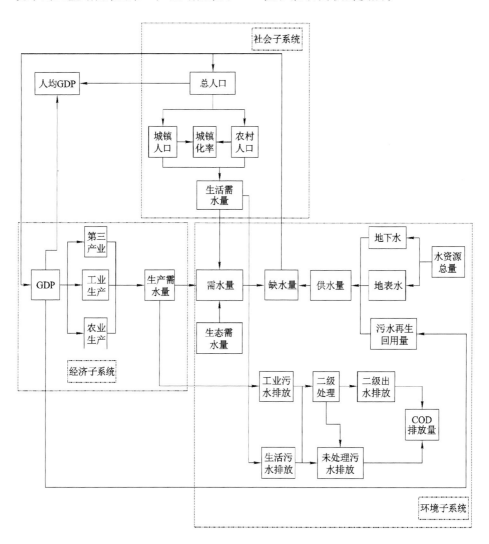

图 5-1 城市水环境系统相互关系图

5.2.2 模型的建立

使用 Vensim 软件绘制了银川市水环境承载力系统动力学模型的总流图,如图 5-2 所示,使各子系统内部结构及其相互关系更为直观。

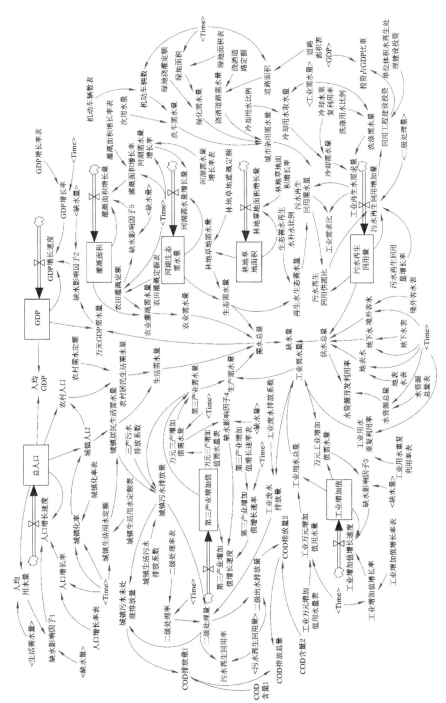

图 5-2　银川市水环境承载力系统动力学模型的总流图

因此,在系统结构分析的基础上,确定相应的状态变量、速率变量及辅助变量,共涉及 8 个状态变量(L),8 个速率变量(R),44 个辅助变量(A),3 个子系统的变量分别见表 5-9、表 5-10、表 5-11。

本模型包含 8 个状态方程、8 个速率方程和众多辅助方程。下面对 3 个子系统中涉及的主要方程说明如下:L 代表状态变量、R 代表速率变量、A 代表辅助变量、E 代表函数、C 代表常数。

(1)社会子系统

社会子系统是一个复杂的时变系统,以人口为核心,人的生活与生产等过程对水资源、水环境产生重要影响。表 5-9 列出了相关公式。

表 5-9　社会子系统主要方程式

种类	单位	方程式
L	人	总人口.K＝总人口.J＋DT(人口增长速度)
R	人	人口增长速度＝IF THEN ELSE(缺水影响因子1<＝0,总人口 * 人口增长率,总人口 * 人口增长率－缺水影响因子1)
E	Dmnl	人口增长率＝TABLE(TIME.K)
A	人	缺水影响因子1＝缺水量 * 10^4/人均用水量
A	万吨	生活需水量＝城镇居民生活需水量＋农村居民生活需水量
A	万吨	城镇居民生活需水量＝城镇生活用水定额 * 城镇人口 * 365/10^7
E	L/(人·d)	城镇生活用水定额＝TABLE(TIME.K)
A	万吨	农村居民生活需水量＝农村人口 * 农村需水定额 * 365/10^7
A	人	农村人口＝总人口－城镇人口
C	L/(人·d)	农村需水定额＝Const

(2)经济子系统

经济子系统主要包含与工业、农业以及第三产业需水量相关的方程式,见表 5-10。

表 5-10　经济子系统主要方程式

种类	单位	方程式
A	万吨	工业需水量＝工业用水总量 * (1－工业用水重复回用率)
A	万吨	工业用水总量＝工业增加值 * 工业万元增加值用水量
L	亿元	工业增加值.K＝工业增加值.J＋DT(工业增加值增长速度)

表5-10（续）

种类	单位	方程式
R	亿元	工业增加值增长速度＝IF THEN ELSE（缺水影响因子3＜＝0，工业增加值＊工业增加值增长率，工业增加值＊工业增加值增长率－缺水影响因子3）
A	亿元	缺水影响因子3＝缺水量＊10^4/万元工业增加值需水量
A	吨/万元	万元工业增加值需水量＝工业需水量/工业增加值＊10^4
E	Dmnl	工业增加值增长率＝TABLE（TIME.K）
E	Dmnl	工业用水重复回用率＝TABLE（TIME.K）
E	吨/万元	万元工业增加值用水量＝TABLE（TIME.K）
A	万吨	第三产业需水量＝万元三产增加值需水量＊第三产业增加值
L	亿元	第三产业增加值.K＝第三产业增加值增长速度.J＋DT（第三产业增加值）
R	亿元	第三产业增加值增长速度＝IF THEN ELSE（缺水影响因子4＜＝0，第三产业增加值＊第三产业增加值增长速率，第三产业增加值＊第三产业增加值增长速率－缺水影响因子4）
E	Dmnl	第三产业增加值增长速率＝TABLE（TIME.K）
E	吨/万元	万元三产增加值需水量＝TABLE（TIME.K）
A	亿元	缺水影响因子4＝缺水量＊10^4/万元三产增加值需水量
A	万吨	农业需水量＝农田灌溉需水量
A	万吨	农田灌溉需水量＝灌溉面积＊农田灌溉定额
E	吨/亩	农田灌溉定额＝TABLE（TIME.K）
L	万亩	灌溉面积.K＝灌溉面积.J＋DT（灌溉面积增长量）
R	万亩	灌溉面积增长量＝IF THEN ELSE（缺水影响因子5＜＝0，灌溉面积＊灌溉面积增长率，灌溉面积＊灌溉面积增长率－缺水影响因子5）
A	万亩	缺水影响因子5＝缺水量/农田灌溉定额
E	Dmnl	灌溉面积增长率＝TABLE（TIME.K）
L	亿元	GDP.K＝GDP.J＋DT（GDP增长速度）
R	亿元	GDP增长速度＝IF THEN ELSE（缺水影响因子2＜＝0，GDP＊GDP增长率，GDP＊（GDP增长率－缺水影响因子2））
A	亿元	缺水影响因子2＝缺水量＊10^4/万元GDP需水量
E	Dmnl	GDP增长率＝TABLE（TIME.K）
A	元/人	人均GDP＝GDP/总人口

（3）环境子系统

污水再生回用量是整个系统的决策变量,缺水量是整个系统的核心变量,将供水总量与需水总量联系起来。COD 排放总量和生态需水量是污染物排放与生态环境主要变量。表 5-11 列出了相关公式。

表 5-11　环境子系统主要方程式

种类	单位	方程式
L	万吨	污水再生回用量.K＝污水再生回用增加量.J＋DT(污水再生回用增加量)
R	万吨	污水再生回用增加量＝IF THEN ELSE(二级处理量≥污水再生回用量,IF THEN ELSE(污水再生回用供需比≥1,0,污水再生回用量 * 污水再生回用量增长率),0)
E	Dmnl	污水再生回用量增长率＝TABLE(TIME.K)
A	Dmnl	污水再生回用供需比＝污水再生回用量/污水再生回用需水量
A	万吨	污水再生回用需水量＝工业再生水需求量＋再生水生态需水量＋城市杂用需水量
A	万吨	工业再生水需求量＝冷却需水量＋洗涤需水量
A	万吨	冷却需水量＝冷却用水取水量 * (1－冷却水重复回用率)
A	万吨	冷却用水取水量＝工业需水量 * 冷却用水比例
C	Dmnl	冷却用水比例＝Const
C	Dmnl	冷却水重复回用率＝Const
A	万吨	洗涤需水量＝工业需水量 * 洗涤用水比例
C	Dmnl	洗涤用水比例＝Const
A	万吨	再生水生态需水量＝生态需水量 * 生态需水再生水补水比例
C	Dmnl	生态需水再生水补水比例＝Const
A	万元	回用工程建设投资＝污水再生回用增加量 * 单位体积水再生处理建设投资 * 365
C	元/(m^2 · d)	单位体积水再生处理建设投资＝Const
A	Dmnl	投资占 GDP 的比例＝回用工程建设投资/(GDP * 10^4)
A	Dmnl	工业需求比＝工业再生水需求量/污水再生回用需水量
A	万吨	城市杂用需水量＝(洗车需水量＋浇洒道路需水量＋绿化需水量)/10^4
A	吨	浇洒道路需水量＝道路面积 * 浇洒道路定额 * 365 * 10
C	L/(m^2 · d)	浇洒道路定额＝Const
E	万 m^2	道路面积＝TABLE(TIME.K)
A	吨	绿化需水量＝绿地面积 * 绿地浇灌定额 * 365 * 10

表5-11(续)

种类	单位	方程式
C	L/(m²·d)	绿地浇灌定额＝Const
E	万 m²	绿地面积＝TABLE(TIME.K)
A	吨	洗车需水量＝机动车辆数＊10⁻⁴＊次用水量＊365/10
E	万辆	机动车辆数＝TABLE(TIME.K)
A	万吨	缺水量＝需水总量－供水总量
A	万吨	需水总量＝农业需水量＋生产需水量＋生态需水量＋生活需水量
A	万吨	供水总量＝(地下水＋地表水＋境外客水)/10⁻⁴＋污水再生回用量
A	Dmnl	水资源开发回用率＝供水总量/(水资源总量＊10⁻⁴)
E	亿吨	水资源总量＝TABLE(TIME.K)
A	吨	COD 排放总量＝COD 排放量 1＋COD 排放量 2
A	吨	COD 排放量 1＝城镇污水未处理排放量＊COD 含量 1/100
C	mg/L	COD 含量 1＝Const
A	万吨	城镇污水未处理排放量＝城镇污水排放量－二级处理量
A	万吨	城镇污水排放量＝城镇居民生活需水量＊城镇生活污水排放系数＋第三产业需水量＊三产污水排放系数
C	Dmnl	城镇生活污水排放系数＝Const
C	Dmnl	三产污水排放系数＝Const
A	万吨	二级处理量＝(城镇污水排放量＋工业废水排放量)＊二级处理率
E	Dmnl	二级处理率＝TABLE(TIME.K)
A	万吨	工业废水排放量＝工业需水量＊工业废水排放系数
C	Dmnl	工业废水排放系数＝Const
A	吨	COD 排放量 2＝二级出水排放量＊COD 含量 2/100
C	mg/L	COD 含量 2＝Const
A	万吨	二级出水排放量＝二级处理量－污水再生回用量
A	万吨	生态需水量＝林地草地需水量＋河湖生态需水量
A	万吨	林地草地需水量＝林地草地面积＊林地草地灌溉定额＊120/10000
C	m³/(公顷·d)	林地草地灌溉定额＝Const
L	公顷	林地草地面积.K＝林地草地面积.J＋DT(林地草地面积增长量)
R	公顷	林地草地面积增长量＝林地草地面积＊林地草地面积增长率
C	Dmnl	林地草地面积增长率＝Const
L	万吨	河湖生态需水量.K＝河湖生态需水量.J＋DT(河湖需水量增长量)
R	万吨	河湖需水量增长量＝河湖生态需水量＊河湖需水量增长率
E	Dmnl	河湖需水量增长率＝TABLE(TIME.K)
A	Dmnl	污水再生回用率＝污水再生回用量/二级处理量

5.2.3　模型参数的确定

　　模型参数既包含可量化的变量,又包含一些难以量化的类似用于表征人类意识或政策的变量,是建立系统动力学模型的难点。由于系统动力学模型行为主要取决于模型结构,不要求参数值有较高的精度,所以,满足建模要求和目标就足够了。初始值、常数值和表函数这三种参数需要在系统动力学模型中确定。估算方法的思路一般如下:可以采用取平均值法、灰色系统模型法和回归分析法等方法将容易获得的数据资料进行统计和预测。由于水环境承载力系统较为复杂,有些参数对较长尺度的模拟结果影响较小,因此,对于难以获取而缺少历史数据的参数可以通过合理估计确定。当遇到复杂的非线性关系的变量时,可以利用表函数来表示。表函数是系统动力学中以图表表示的自定义函数,可以自动读取给定的变量值,如果需要读取的变量值不在给定点中时,表函数就通过线性插值的方法获取。

　　模型中常数参数及状态变量初始值输入数据见表 5-12;表函数的输入数据见表 5-13。

表 5-12　常数参数及状态变量初始值输入数据表

常数值	取值	常数值	取值
农村需水定额/[L/(人·d)]	65	COD 含量 1	160
冷却用水比例	0.7	城镇生活污水排放系数	0.9
冷却水重复回用率	0.5	三产污水排放系数	0.95
洗涤用水比例	0.1	工业废水排放系数	0.5
生态需水再生水补水比例	0.1	COD 含量 2	50
单位体积水再生处理建设投资 /[元/(m^3·d)]	500	林地草地灌溉定额 /[m^3/(公顷·d)]	20
浇洒道路定额/[L/(m^3·d)]	3.0	林地草地面积增长率	0.001
绿地浇灌定额/[L/(m^3·d)]	2.5		
状态变量初始值	取值	状态变量初始值	取值
总人口/人	1 335 311	GDP/亿元	839.319 9
工业增加值/亿元	−15.842 8	污水再生回用量/万吨	3 700
第三产业增加值/亿元	54.063 3	林地草地面积/公顷	30 000
灌溉面积/万亩	61.097 2	河湖生态需水量/万吨	5 000

注:数据来源于 2012 年《宁夏水资源公报》《宁夏统计年鉴》《银川市统计年鉴》,宁夏水文水资源勘测局统计资料,《银川市城市中长远期再生水管网工程专项规划》(2016—2030 年)以及计算获得。

采用灰色系统模型法、回归分析法等方法计算得到 2020 年、2025 年和 2030 年各表函数的预测值,如表 5-13 所示,并且都通过了误差值检验,平均相对误差均低于 0.05,精确度较高。

表 5-13　表函数数据表

表函数	2012 年	2013 年	2014 年	2015 年	2020 年	2025 年	2030 年
人口增长率表	0.676	0.629	0.677	0.61	0.585 6	0.544 8	0.506 9
城镇化率表	74.28	75.31	75.45	76.04	78.04	80.21	82.14
城镇生活需水定额表	135	141	155	170	184.06	215.63	252.62
GDP 增长率表	0.175 4	0.112 7	0.060 1	0.061 4	0.071 0	0.060 5	0.051 5
工业增加值增长率表	0.182 9	−0.244 9	−0.406 1	0.082 2	−0.009 0	−0.000 7	−0.000 1
万元工业增加值用水量表	20.16	18.81	22.64	12.35	15.210 3	12.748 8	10.685 6
第三产业增加值速率表	0.027 6	0.129 7	−0.344 1	0.548 9	0.383 4	0.256 7	0.189 7
万元三产增加值需水量表	38.19	38.27	51.86	34.05	31.561 7	25.191 9	20.107 6
农田灌溉定额表	245.7	226.01	206.8	215.74	186.83	165.48	146.56
工业用水重复回用率表	0.060 5	0.060 2	0.178 5	0.218 2	0.288 2	0.536 8	0.999 6
二级处理率表	1.054	1.114 6	0.981 2	0.989 1	1.007 1	0.974 8	0.943 5
灌溉面积增长率表	0.05	−0.071 4	0.179 5	−0.043 5	0.011 6	0.009 9	0.008 5
河湖需水增长率表	0.05	−0.123 8	0.096 3	0.069 5	0.056 7	0.036 5	0.024 5
绿地面积表	985	1 260	1 508	1 800	2 651	2 854	3 079
道路面积表	1 547	1 787	1 967	2 000	2 476	2 679	2 877
机动车辆数表	26.7	30.6	48.9	66.9	117.9	167.9	207.80
地下水表	0.632 7	0.591 4	0.579 4	0.605 3	0.635 7	0.674 5	0.715 8
地表水表	0.003 9	0.003 9	0.003 7	0.003 9	0.003 8	0.003 8	0.003 8
境外客水表	6.496 3	6.646 9	4.269 2	4.830 1	3.083 8	1.934 4	1.213 4
水资源总量(包括客水)表	9.75	9.2	9.21	9.18	9.136 9	9.087 4	9.038 2

注:2012—2015 年历史数据来源于《宁夏水资源公报》《宁夏统计年鉴》《银川市统计年鉴》,宁夏水文水资源勘测局统计资料,《银川市城市中长远期再生水管网工程专项规划》(2016—2030 年)以及计算获得。

5.2.4　系统动力学模型的检验

本模型主要采用直观检验、运行检验和历史检验等方法进行检验。

直观检验是对系统结构、边界、变量集以及方程关系式等模型要素进行合理性再次分析,在进行多次调整与优化后,认为模型能够代表现实系统的行为模式。

运行检验是通过 Vensim 软件中的"Check Model"和"Unit Check"工具来检验模型是否闭合以及单位量纲是否具有一致性,该模型通过了运行检验。

将模型运行的输出值与历史统计数据进行对比,通过误差分析检验是否可靠。鉴于银川市水环境承载力模型的变量较多,仅对工业增加值、GDP 和总人口这三个主要输出变量进行历史验证,验证时间为 2012—2015 年。由表 5-14 可知各检验变量的相对误差都低于 10%,可以确定该模型的精确度较高。

表 5-14　历史检验误差

变量	项目	2012 年	2013 年	2014 年	2015 年
总人口/人	实际值	1 326 667	1 343 955	1 373 425	1 388 572
	模拟值	1 326 667	1 344 340	1 352 790	1 361 950
	相对误差	0	0.03%	1.50%	1.92%
工业增加值/万元	实际值	470 031	119 143	−921 38	−158 428
	模拟值	470 031	116 901	−93 410	−144 625
	相对误差	0	1.88%	1.38%	8.71%
GDP/万元	实际值	7 135 115	7 939 008	8 416 473	8 933 199
	模拟值	7 135 115	7 934 880	8 417 118	8 928 663
	相对误差	0	0.05%	0.01%	0.05%

5.2.5　基于污水再生回用的银川市水资源承载力模拟研究

应用经过检验的模型,对银川市在不同污水再生回用模式下水资源可承载的经济发展、社会发展、污水排放趋势进行模拟。

5.2.5.1　情景方案设计

为研究污水再生回用对银川市水资源承载力的影响程度,选择污水再生回用量增长率作为决策变量,将不同的污水再生回用量增长率输入模型,进行模型效果模拟。在《银川市城市中长远期再生水利用管网工程专项规划(2016—2030年)》等政策规划的指导下,对模型进行反复调试,从而确定各方案中决策变量的输入值,各方案具体如下:

(1)方案 1(延续现状):为延续现状发展模式,即模拟维持银川市目前的污水回用量增长率为 0.5% 的发展模式下的银川市水资源承载力变化趋势,作为其他方案的对照组。

(2) 方案 2:根据《银川市城市中长远期再生水利用管网工程专项规划(2016—2030 年)》中 2030 年污水再生回用量的预测值为 42.5 万 m³/d,通过模型调试,确定模型中的决策变量污水再生回用量增长率在 2018—2030 年期间约为 18%。

(3) 方案 3:考虑污水再生回用量增长率分阶段提高,在方案 2 的基础上近期(2018—2023 年)增长率较高,设为 22%,通过模型调试,确定模型中的决策变量污水再生回用量增长率在远期(2024—2030 年)较低,约为 15%。

(4) 方案 4:考虑污水再生回用量增长率分阶段提高,在方案 2 的基础上近期(2018—2023 年)增长率较低,设为 15%,通过模型调试,确定模型中的决策变量污水再生回用量增长率在远期(2024—2030 年)较高,约为 24%。

其中,根据《银川市城市中长远期再生水利用管网工程专项规划(2016—2030)》的再生回用量的预测值为 42.5 万 m³/d,反算出使 2030 年污水再生回用量达到 42.5 万 m³/d 的增长率是 18%;15%、22%、24% 是根据银川市人民政府办公厅印发的《银川市节水专项行动计划实施方案(2014—2018 年)》的通知中通过回用量增长率五年的不同目标计算出的最小增长率、平均增长率以及最大增长率。本书研究借鉴该增长率数值,作为本方案中的低水平、中等水平和较高水平设定。

5.2.5.2　方案模拟结果与分析

由前面章节的系统结构分析可知:水资源承载力的主要承载对象是人口和经济,承载媒介是水资源量和水体质量。在众多与水有关的承载力(水资源承载力、水环境承载力)研究中[187-191],人口、GDP、缺水量、COD 排放总量等指标常被选为评价指标,其中人口和 GDP 主要表征社会经济情况,缺水量主要体现水资源供需水量关系,COD 排放总量主要反映水体的污染程度。此外,在有关污水再生回用的研究中,再生水回用工程投资占 GDP 比例也是评判再生水回用可行性的重要指标之一。鉴于此,选取人口、GDP、缺水量、COD 排放总量以及工程投资占 GDP 比例分别作为社会、经济、水资源、水环境和污水再生回用子系统的特征指标。

将四种方案的控制值分别输入 SD 系统动力学模型中进行模拟,输出各方案下人口、GDP、缺水量、COD 排放总量以及投资占 GDP 比例的变化情况(图 5-3),并进行分析。

(1) 方案 1 模拟结果分析

方案一延续现状发展模式,银川市中心城区水资源可承载人口总量 2018—

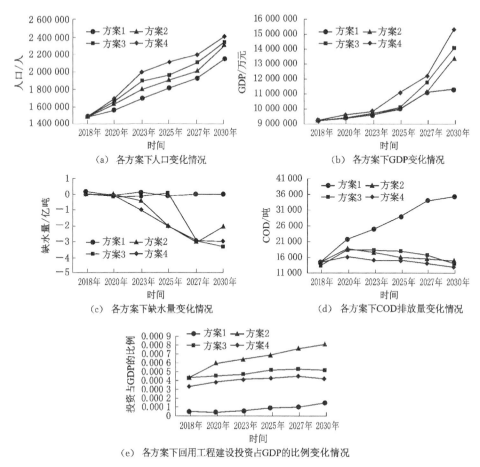

图 5-3　四种方案下的各指标比较

2030 年呈逐年快速上升趋势,2030 年达到 215 万人;水资源可承载 GDP 2018—2030 年呈逐年上升趋势,2030 年达到 1 134 亿元;缺水量一直处于临界值左右,说明供水量刚刚能满足需水量;COD 排放总量一直处于快速上升趋势,可以看出社会经济发展迅速加大了生活生产需水量,从而导致污水排放量的提高,这会导致水环境恶化,水资源供水量不足;污水回用工程占 GDP 比例较低,变化幅度较小,说明银川市污水回用工程较少,对增加供水量、减少污水排放量的贡献较小。

　　(2)方案 2 模拟结果分析

　　方案 2 模式下,水资源可承载人口总量和 GDP 都呈逐年上升趋势,并且增长速度都高于方案 1,2030 年分别达到 231 万人和 1 341 亿元,缺水量一直为负值,COD 排放总量较方案 1 出现了大幅度下降。可以看出:当污水回用量增长率以 18% 发展时,供水总量大幅度增加,使得缺水对人口和 GDP 增长速度的削减作用下降,加快了经济社会发展,并且大幅度降低了污水排放量对水环境的污染程度,但此时的污水回用工程占比却达到了四个方案中的最大值,且多年投资占比高于我国及国际一般水平 0.05%,这将对经济造成较大压力。

(3) 方案 3 模拟结果分析

方案 3 模式下,水资源可承载人口总量呈逐年上升趋势,增长速度都快于方案 1 与方案 2,2030 年达到 234 万人。水资源可承载 GDP 增长速度近期与方案 1 和方案 2 接近,2025 年后增速较快,2030 年达到 1 409 亿元。缺水量在 2025 年左右出现正值,在四个方案中属于波动最大的,说明当采用近期污水回用率较高为 22%、远期较低为 15% 的发展策略时,会出现供水量不稳定,供小于需的情况,这可能与 2025 年时 GDP 增速突增,造成短时间需水量较大。另外,COD 排放总量虽远小于方案 1,且呈下降趋势,但均高于方案 2 和方案 4,这对减少污染物的贡献较低。污水回用工程投资占比低于方案 2,但远期投资高于 0.05%,对远期经济造成较大压力。

(4) 方案 4 模拟结果分析

方案 4 模式下,水资源可承载人口总量和 GDP 都呈逐年快速上升趋势,并且增长速度最快,2030 年分别达到 240 万人和 1 538 亿元,缺水量一直处于负值,与方案 2 程度相当,COD 排放总量均低于其他方案,回用工程投资占比也低于方案 2 和方案 3,并且均低于 0.05%。

综上所述,单独从模拟结果来看,方案 4 再生水回用发展模式下,银川市水资源可承载的人口、GDP 最大,并且此时的供水量充足,COD 排放总量较低,说明此方案可有效改善银川市水资源短缺和水质型缺水现状,对提高银川市水资源承载力的贡献程度最为明显,加之此方案下污水回用投资最小,因此,相比较而言,方案 4 可视为提高银川市水资源承载力的较为理想的再生水回用发展模式。

但方案 4 是按照本区域的 2016—2030 年规划数据采用高回用增长率得到的模拟结果,该结果的承载人口数是 240 万,GDP 是 1 538 亿元;而 2018 年银川市的实际人口数量是 222.54 万,GDP 是 1 803 亿元,人口基本接近 2030 年预测值,GDP 发展已经超过了预测值,说明规划的再生水回用行业的发展模式及增长速度,和目前的社会经济发展的匹配度不够,远不能满足仅仅社会发展对水资源承载力的要求,再生水回用作为改善水资源承载力的途径不能发挥"有效的"作用,说明银川市的规划再生水回用潜力还处于较低水平,必须加大发展力度。

5.2.6 结论

(1) 针对银川市缺水实际,将污水再生回用系统嵌入水资源承载力系统,在对系统结构层层深入分析的基础上构建了基于污水再生回用的银川市水资源承载力系统动力学模型,经过模型多次调试和有效性检验,相对误差均低于 10%,可知该模型可靠性较高,能够用于预测现实系统的未来发展趋势。

(2) 以 4 种不同污水再生回用量增长率为决策变量进行模拟预测,将人口、GDP、缺水量、COD 排放总量以及污水回用工程投资占 GDP 比例等水资源承载力的特征指标作为输出变量,分析对比其各方案模拟值,最终确定方案 4,即采用近期污水再生回用率较低为 15%,远期污水再生回用率较高为 24% 的发展模式,对促进银川市人口增长、加速经济发展、增加供水量、减少污染物排放以及具有良好的回用工程投资比的贡献影响最大,能够使银川市水资源承载力达到满足规划要求的最优水平。

(3) 建议积极创造条件,进一步扩大银川市污水处理及再生利用规模,并提升再生水出水水质,以扩大再生水使用途径,形成更好的发展模式,尽可能与经济社会、人口发展等提出的对水资源承载力要求相匹配。

5.3 再生水补充景观水体水环境变化调控策略

对于水资源相对缺乏的城市,补水水源不足已成为景观水体建设的主要限制因素。利用再生水补充景观水体,既可以缓解水资源短缺,也可以改善环境污染,具有重要的节水意义。然而再生水中的氮磷营养盐元素与景观水体的水质有着明显差异,所以利用再生水补充景观水体时,可能会出现富营养化、水华、浑浊、黑臭等现象[184],从而使景观水体丧失观赏价值,甚至造成严重的环境问题。因此如何科学利用再生水对景观水体的水质进行改善,需要研究确定。熊凯等[185]以再生水为主要补给水源的湿地公园为研究区,运用 ArcGIS 和统计学对该区域土壤 TN(氮总含量)的空间部分特征进行研究。熊家晴等[186]以再生水和河水补水的人工景观湖泊沉积物为研究对象,研究补水条件改变时沉积物中 TN、TP(磷总含量)及吸附特性。李海云等[187]以潮白河为研究对象,利用不同方法对补水河段的水质情况进行分析。刘轩等[188]以再生水和地表水补水的城市景观水体开展底泥对藻类生长影响作用研究,测定不同条件下的叶绿素 a、磷酸盐、氮素浓度,研究再生水补水条件对藻类生长的影响。王骁等[189]以陆家河为研究对象,分析再生水河道在生态集成技术修复后水体水质的变化特征。

通过污水处理回用来补充景观水体水量、改善水质是改善区域水循环健康水平的有效途径之一。银川市区河流湖泊主要补水来源是黄河水和少量农田退水,补给水源较单一。而银川市中心城区再生水利用率不足20%,利用再生水作为景观水体的补给水源,可以减少黄河补水量,也有利于再生水的回用。本研究主要考察不同季节、不同再生水配比条件下的湖水水质变化规律,分析再生水补充景观湖水的可行性。

5.3.1 试验概况

5.3.1.1 研究区域概况

宝湖位于市区,由于对其周边进行了大规模开发,使得原有的自然补水和退水渠道消失,补水来源比较单一,属于典型的补水维系体系,95%的补水来自黄河。

受降水以及渗漏、蒸发等因素的影响,水量缺乏问题突出,利用再生水替代黄河水进行补水迫在眉睫。

5.3.1.2 样品采集

试验所用湖水和底泥均采自宝湖不同位置,分四个季节取样。底泥采集后剔除泥样中粗石块和枯枝等杂物,滤除水分并混合均匀后用于后续试验。再生水取自银川市第三污水处理厂,再生水主要用于热电厂循环冷却水、绿化用水、景观用水及道路洒水。

再生水初始水质见表5-15,宝湖湖水初始水质见表5-16。

表 5-15 再生水初始水质

水样	电导率 /(s/m)	溶解氧 /(mg/L)	磷含量 /(mg/L)	氮含量 /(mg/L)	CODmn /(mg/L)	叶绿素 (SPAD)
再生水	2 094	4.13	0.029	12.171	1.731	1.42

注:CODmn表示COD的量,下同。

表 5-16 宝湖湖水初始水质

	月份 /月	电导率 /(s/m)	溶解氧 /(mg/L)	磷含量 /(mg/L)	氮含量 /(mg/L)	CODmn /(mg/L)	叶绿素 (SPAD)
宝湖	4	716	3.41	0.031	2.30	3.22	54.75
	7	689	3.10	0.039	3.07	2.14	43.14
	9	695	4.43	0.032	3.90	3.92	64.75
	12	652	6.04	0.046	4.06	3.50	35.35

5.3.2　试验方法

（1）为实现宝湖用再生水替代黄河水补水提供思路，以宝湖湿地公园为研究对象，模拟不同再生水补水比例条件下景观水体的水质变化规律。检测指标包括 DO、电导率、磷含量、氮含量、CODmn、叶绿素 a。将再生水和湖水按照不同比例混掺：A_1＝0％再生水，A_2＝25％再生水，A_3＝50％再生水，A_4＝75％再生水，A_5＝100％再生水。其余部分以湖水填充，共 5 个样品，水样储存在 10 L 的塑料桶中。另外，夏季试验单独设置 2 个试验组添加底泥，再生水比例分别为 50％、75％。混掺之后，每隔 3 d，下午 1 点检测上述指标，同时记录气温以及水温，试验一共进行 30 d。

（2）试验时间：试验分为 4 个时间点，分为春夏秋冬，即 4 月（春节补水前）、7 月、9 月、12 月（冬季）。考察不同季节、相同营养盐浓度时水质变化规律。

（3）试验材料、试剂及装置：

① 试验材料：宝湖初始水样、再生水。

② 试验试剂及药品：过硫酸钾、碱性过硫酸钾、盐酸、钼酸铵、硝酸钾、高锰酸钾、氢氧化钠、硫酸钾。

③ 试验装置及仪器：紫外分光光度计、YSI 多参数水质分析仪、高压蒸汽灭菌器、电子秤、量筒、量杯、烧杯、记号笔、标签、橡皮筋、滴定管、容量瓶、移液管、锥形瓶。

相关参数测量方法见表 5-17。

表 5-17　相关参数测量方法

水质参数	测定方法
溶解氧	YSI 多参数水质分析仪
电导率	YSI 多参数水质分析仪
磷含量	碱性过硫酸钾消解紫外分光光度法
氮含量	钼酸铵分光光度法
CODmn	酸性法
叶绿素 a	哈希 ds5x 仪器

5.3.3　试验结果

针对采集的水样，在实验室进行测定，将测定后的结果进行分析，首先按照取水时间的不同，分析季节不同时水质变化过程。

5.3.3.1　春季不同配水条件下的水质变化

（1）溶解氧（DO）含量

溶解氧是研究水体自净能力的重要依据,高浓度的溶解氧有利于水体中污染物的降解,从而使水体以较快的速度净化[190]。溶解氧也是需氧水生生物的必备条件,若溶解氧低于 2 mg/L,会威胁鱼类的生存条件。

溶解氧的浓度变化趋势如图 5-4 所示,整体呈现上升趋势。在试验的初始阶段,溶解氧的含量均在 3 mg/L 左右,在试验的第 5 天时有略微下降的趋势。之后由于气温下降,使溶解氧含量一直处于上升趋势,在试验结束时稳定在 6 mg/L 左右。

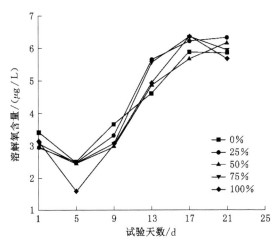

图 5-4　春季不同配水条件下溶解氧的浓度变化曲线

（2）电导率

电导率是地表水体最基本的水质参数,是衡量水体水质的重要指标之一,也是评价水环境健康的重要参数[26]。电导率主要取决于溶解在水体中的离子种类、浓度和水温。电导率可以用来检测水中溶解性矿物质浓度的变化,是估算水体被无机盐污染的指标之一[191]。

春季试验的电导率如图 5-5 所示。从图 5-5 可以看出:100%再生水的电导率为 1 711 μs/cm,而纯湖水的电导率仅为 716 μs/cm。这是因为再生水的含盐量较高,所以再生水的电导率远高于湖水。因此湖水加入再生水后,不同比例的湖水电导率浓度有着清晰的分层,再生水含量越高,电导率浓度越高,说明再生水和湖水相比有更多的营养物质,也有更高的富营养化风险。

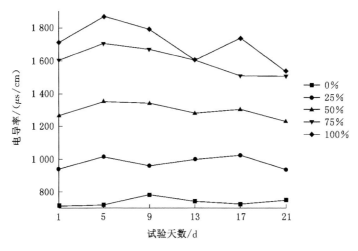

图 5-5　春季不同配水条件下电导率的浓度变化曲线

（3）CODmn 含量

春季试验中 CODmn 含量的变化如图 5-6 所示,纯湖水的 CODmn 含量在试验初期最低,在试验结束时达到最高含量。其他配比的再生水试验中 CODmn 含量变化较小。

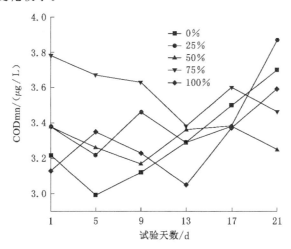

图 5-6　春季不同配水条件下 CODmn 含量的变化曲线

（4）磷含量

磷含量变化如图 5-7 所示,春季试验中磷含量整体呈现上升趋势。高比例再生水试验组的磷含量高于低比例再生水试验组的。

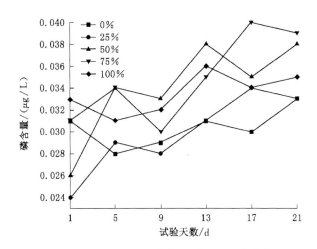

图 5-7　春季不同配水条件下磷含量的变化曲线

5.3.3.2　夏季不同配水条件下水质变化

（1）溶解氧含量

溶解氧含量的变化趋势如图 5-8 所示,整体含量随时间呈上升趋势。再生水的初始溶解氧含量和湖水初始溶解氧含量相差不大。从图 5-8 中可以看出在试验的第 9 天,各个比例的湖水溶解氧含量有着较大幅度的上升并达到最高值。但是因为长时间的水体静止,随后溶解氧含量小幅度下降。试验结束时,没有添加底泥的各个比例湖水的溶解氧含量已经稳定在 4～4.5 mg/L,满足《城市污水再生利用 景观环境用水水质》(GB/T 18921—2002)的要求。添加了底泥的再生水对照组,溶解氧变化趋势和未添加底泥的再生水对照组相似,但是整体含量明显低于未添加底泥的再生水,这是由于底泥微生物在降解有机物的过程中消耗了上覆水体中的溶解氧,由此导致溶解氧的整体含量较低。

（2）电导率

图 5-9 为电导率的变化曲线,可以看出 100% 再生水的电导率为 2 094 μs/cm,而纯湖水的电导率含量仅为 689 μs/cm。这是因为再生水的含盐量较高,所以再生水的电导率远高于湖水。因此湖水加入再生水后,不同比例的湖水电导率有着清晰的分层,再生水含量越高,电导率越大。说明再生水和湖水相比有更多的营养物质,也有更高的富营养化风险。电导率在试验的第 13 天达到最高值,这是由于当天的气温明显上升,在高温条件下分子运动加速使得离子更为活跃,导致电导率的升高。随后电导率有轻微下降的趋势,之后处于较为稳定的状态。加入底泥的再生水试验组,电导率明显高于未加底泥的试

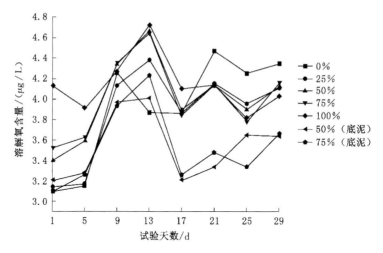

图 5-8　夏季不同配水条件下溶解氧的含量变化曲线

验组。随着时间的推移,底泥中释放物质增加,电解质增加,最终导致电导率
的上升。

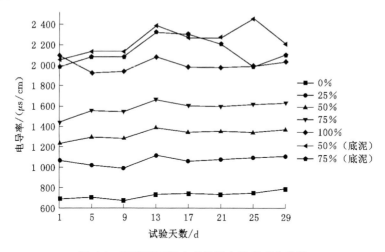

图 5-9　夏季不同配水条件下电导率变化曲线

（3）磷含量

图 5-10 为磷含量的变化曲线,不同比例的再生水试验组 TP 含量,整体呈
现随时间变化而减小的趋势,总体维持在 0.03 mg/L 左右,而《城市污水再生利
用 景观环境用水水质》(GB/T 18921—2002)对磷含量的要求为小于或等于 1,
因此可以认为 5 组未添加底泥的试验组均符合景观用水要求。

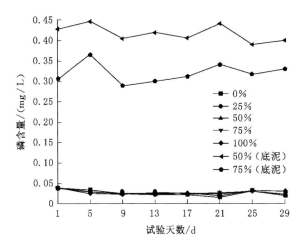

图 5-10　夏季不同配水条件下磷含量的变化曲线

　　由图 5-10 可以看出：添加了底泥的试验组，在试验初始阶段的磷含量快速上升。在试验的第 5 天，添加底泥的试验组的磷含量分别达到 0.44 mg/L 和 0.36 mg/L，随后磷含量浓度基本不随时间变化，最终维持在 0.42 mg/L 和 0.34 mg/L。初始阶段底泥中的污染物浓度较高，而上覆水中的污染物浓度较低，二者之间浓度差较大。因此底泥中的污染物向上覆水的释放量增大，单位面积的释放量最大。所以在试验的第 5 天磷含量达到最高值。随着时间的推移，上覆水中的污染物浓度越来越高，二者之间的浓度差变小，导致磷含量释放量减小，最终底泥和上覆水之间处于平衡状态。由此可见有底泥存在的情况下底泥对上覆水体的水质有一定的影响，且这种影响随时间变化。

　　（4）氮含量

　　氮含量常被用来表示水体受营养物质污染的程度。氮含量的变化曲线如图 5-11 所示，再生水比例越高的试验组，氮含量也越高。整体来说，氮浓度呈现极小幅度的下降趋势。根据《城市污水再生利用 景观环境用水水质》(GB/T 18921—2002)，再生水回用于景观水体中氮含量需要满足小于或等于 15 mg/L，由此可知除了 100% 再生水以外，其余 4 个比例的湖水均满足景观水体的标准。

　　添加了底泥的再生水试验组，底泥向水中释放大量氮元素，因此氮含量高于未添加底泥的试验组。前期增长较快，随后较为缓慢增长，最后基本趋近平衡。在试验的初始阶段，由于水体中的溶解氧浓度较高，使好氧生物大量生长，底泥释放的有机质被分解为二氧化碳和氨气。此外，由于底泥和上覆水之间的浓度差较高，也使得底泥向上覆水释放大量氮元素。试验后期溶解氧含量降低，氮元素作为营养物质被厌氧污泥同化吸收而降低。所以氮含量变化越来越小，最后维持在一定水平。

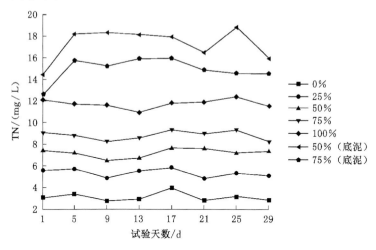

图 5-11　夏季不同配水条件下氮含量的变化曲线

（5）CODmn 含量

CODmn 含量反映的是受有机污染物和还原性无机污染物污染程度的综合指标。CODmn 含量越大，说明水体受有机物的污染越严重。由图 5-12 可知：高占比再生水（75％、100％）试验组的 COD 初始浓度高于低占比再生水初始浓度，并最终呈现先下降后增长的趋势。试验结束时均稳定在 2.5 mg/L 左右，这是由于水中微生物和水体自净等因素，造成水体中 CODmn 呈现下降趋势。虽然《城市污水再生利用　景观环境用水水质》（GB/T 18921—2002）并未对 CODmn 提出具体的要求，但是根据《地表水环境质量标准》（GB/T 3838—2002)可知 5 个不同比例再生水试验组均具有良好的水质。

添加了底泥的再生水试验组的 CODmn 的含量变化和氮含量变化十分相似，都是先增长后趋于平稳，主要原因是试验初期的底泥和上覆水浓度差较大，底泥中的有机质被分解，导致 CODmn 含量缓慢上升。后期由于浓度差的不断减小，底泥中污染物释放速率降低，造成 CODmn 浓度有一定程度的降低，最后底泥和上覆水的浓度差维持在一定水平，使得 CODmn 浓度处于动态平衡状态，最终 CODmn 含量高于试验初期。

（6）叶绿素 a 含量

叶绿素 a 是水体初级生产力和富营养化程度的基本标志，其含量的调查通常被应用于描述水体富营养化状态和研究水质动态变化。

叶绿素 a 含量变化如图 5-13 所示，纯湖水的叶绿素 a 含量可达 43.14 μg/L，

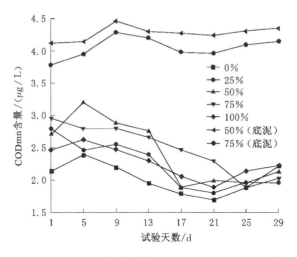

图 5-12　夏季不同配水条件下 CODmn 含量的变化曲线

而 100％再生水的叶绿素 a 含量仅为 1.42 μg/L,相差较大。加入不同比例的再生水试验组,叶绿素 a 含量出现了明显的分层趋势,再生水比例越高的试验组叶绿素 a 含量越低。在试验的第 17 天,叶绿素 a 含量快速下降。除了 100％再生水的叶绿素 a 含量维持在 1 μg/L 左右,剩余 4 组未添加底泥的试验组叶绿素 a 含量均降到 5 μg/L 左右,而到了试验的第 29 天,未添加底泥的试验组叶绿素 a 含量均已经降到最低值。叶绿素 a 是由藻类生物光合作用产生的,由于藻类生物的死亡导致叶绿素 a 快速降低。

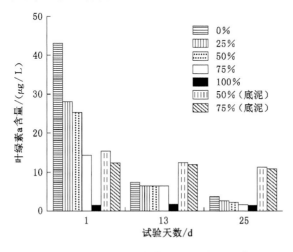

图 5-13　夏季不同配水条件下叶绿素 a 含量的变化

（7）水温对水质的影响

温度是生态系统中各种物理、化学、生物反应过程的基本条件,对湖泊富营养化状态起重要的作用,同时对水体的物质交换能力产生影响。因此水温是研究水质变化的重要条件,也是水中微生物多样性变化参考的重要指标之一。

为了研究不同比例再生水条件下水温对水质的影响,以水温作为 x 轴,按从低到高排列,将对应的水质指标作为 y 轴,结果如图 5-14 所示。同时利用 spss 软件对水温和水质变化进行相关性分析,结果见表 5-18。

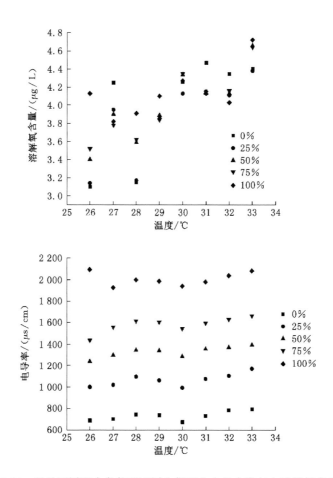

图 5-14　夏季不同配水条件下不同比例再生水的水温与水质指标关系

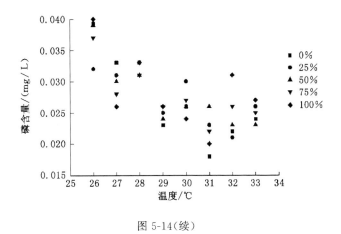

图 5-14（续）

表 5-18　不同比例再生水水温与水质指标相关系数与趋势线斜率

项目		再生水占比				
		0%	25%	50%	75%	100%
水温与溶解氧	相关系数	0.705	0.802	0.872	0.9	0.714
	sig 值	0.051	0.017	0.005	0.002	0.047
	趋势线斜率	0.166 2	0.151 2	0.143 3	0.140 6	0.182 4
水温与电导率	相关系数	0.712	0.722	0.821	0.769	0.714
	sig 值	0.048	0.043	0.013	0.026	0.047
	趋势线斜率	12.606	17.655	16.917	21.881	20.488
水温与磷含量	相关系数	−0.836	−0.763 24	−0.856	−0.772	−0.506
	sig 值	0.01	0.028	0.007	0.025	0.2
	趋势线斜率	0.002 4	−0.001 4	−0.001 9	−0.001 8	−0.001 3

　　由表 5-18 可知：水温与溶解氧、电导率、磷含量呈现出正相关的特性。Sig 值代表显著性检验结果，通常 sig<0.05 即认为显著。一般认为相关系数为 0.6～1.0 时为强相关，0.4～0.6 时为中等程度相关，0.2～0.4 时为弱相关，而 0～0.02 时则说明相关程度弱，基本不相关。对于溶解氧，随着再生水占比的增大，相关系数也越来越大，表明水温对高再生水占比的溶解氧的影响越大。水温对 75% 含量的再生水占比试验组的溶解氧含量影响最大。至于电导率，水温变化呈现先递增后递减的趋势，水温对 50% 再生水占比的试验组影响最大。而且水温对纯再生水的影响略大于纯湖水。对于磷含量，水温对 50% 再生水占比的

试验组的影响最大。值得注意的是,100％占比的再生水的 sig 值为 0.2,表明水温对纯再生水没有影响。

趋势线斜率代表水质对水温变化的敏感程度。斜率越大,说明水质对水温变化越敏感。可以看出:高占比再生水的趋势线斜率均较高,被水温影响时幅度也大。因此夏季时应多注意进行水质监测。

5.3.3.3 秋季不同配水条件下水质变化

(1)溶解氧含量

秋季试验中溶解氧含量如图 5-15 所示,溶解氧呈现上升趋势,主要由 2 个原因造成:由前文可知溶解氧极易受到温度的影响,秋季试验的初期平均温度达到 25 ℃,到了试验后期阶段,平均温度仅为 15 ℃左右,温度的大幅度降低导致溶解氧含量的升高。

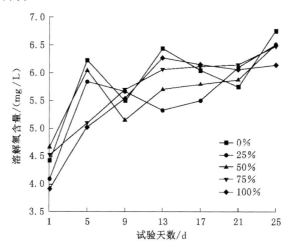

图 5-15　秋季不同配水条件下溶解氧的含量变化曲线

(2)电导率

秋季试验的电导率如图 5-16 所示,可以看出:100％再生水的电导率为 2 123 $\mu s/cm$,而纯湖水的电导率仅为 695 $\mu s/cm$,这是因为再生水的含盐量较高,所以再生水的电导率远高于湖水。因此湖水加入再生水后,不同比例的湖水电导率有着清晰的分层,再生水含量越高,电导率就越大,说明再生水与湖水相比有更多的营养物质,也有更高的富营养化风险。

(3)磷含量

秋季试验中磷含量变化如图 5-17 所示,秋季试验中磷含量整体呈现下降趋

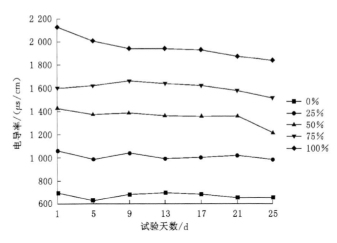

图 5-16　秋季不同配水条件下电导率变化曲线

势。高比例再生水试验组的磷含量高于低比例再生水试验组的含量。100％再生水含量的试验组变化较大,试验初始阶段磷含量为 0.069 $\mu g/L$,试验末尾时磷含量仅为 0.034 $\mu g/L$,低于 50％和 75％含量的再生水试验组。

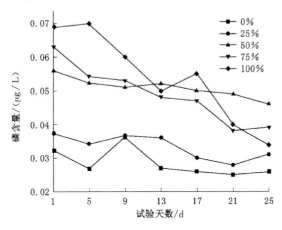

图 5-17　秋季不同配水条件下磷的含量变化曲线

（4）CODmn 含量

秋季试验中 CODmn 的含量变化如图 5-18 所示。初始阶段,不同比例再生水的试验组的 CODmn 出现了明显的分层现象。再生水比例越高的试验组,CODmn 的浓度越低。由于再生水经过再生水水厂的处理,因此湖水的污染物浓度显著高于再生水。试验组整体呈现先下降后保持平稳的趋势。试验组处于静止状态下,由于水体有着自净功能,有机物被自然降解,使得 CODmn 逐渐下降。当有机物被降解到一定程度时,CODmn 的浓度便不会再下降。

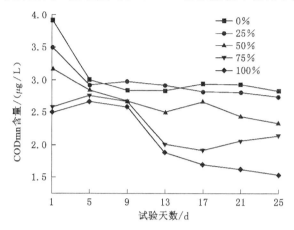

图 5-18　秋季不同配水条件下 CODmn 的含量变化曲线

(5) 叶绿素 a 含量

叶绿素 a 的含量变化如图 5-19 所示,纯湖水的叶绿素 a 含量可达 43.14 $\mu g/L$,而 100% 再生水的叶绿素 a 含量仅为 1.42 $\mu g/L$,相差较大。加入不同比例的再生水试验组,叶绿素 a 含量出现了明显的分层趋势,再生水比例越高的试验组,叶绿素 a 含量越低。在试验第 17 天时,叶绿素 a 含量快速下降。除了 100% 再生水的叶绿素 a 含量维持在 1 $\mu g/L$ 左右,剩余 4 组未添加底泥的试验组叶绿素 a 含量均降到 5 $\mu g/L$ 左右,而到了试验的第 29 天,未添加底泥的试验组的叶绿素 a 含量均已经降到最低值。叶绿素 a 是由藻类生物通过光合作用产生的,由于藻类生物的死亡导致了叶绿素 a 含量快速降低。

5.3.3.4　冬季不同配水条件下水质变化

(1) 电导率

电导率变化如图 5-20 所示,湖水掺入不同比例的再生水后,电导率有了明显的分层。由于再生水中含盐量较高,因此再生水比例越高的湖水,电导率也显著升高。第一次测得的电导率分别为 652 $\mu s/cm$、970 $\mu s/cm$、1 166 $\mu s/cm$、1 456 $\mu s/cm$、1 801 $\mu s/cm$,低于夏季时所测得的电导率,这是因为冬季时温度较低,分子运动减速使得离子运动较为缓慢,所以冬季试验测得的电导率均低于夏季试验测得的电导率。在冬季试验中,除了 100% 再生水的电导率有着明显下降外,其他比例的再生水电导率没有明显变化。

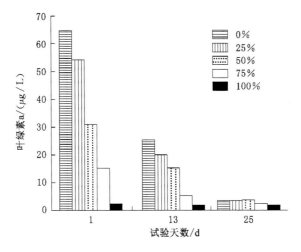

图 5-19　秋季不同配水条件下叶绿素 a 含量变化

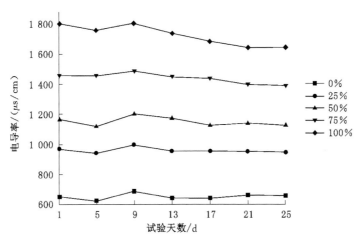

图 5-20　冬季不同配水条件下电导率的变化曲线

（2）溶解氧含量

冬季溶解氧含量变化如图 5-21 所示，可以看出溶解氧的含量变化大体呈现出先下降后上升再下降的趋势。在自然情况下，空气中的含氧量变动不大，故水温是主要的因素，水温愈低，水中溶解氧的含量愈高。在试验进行的第 5 天，溶解氧含量大幅度下降是因为：实验室的温度高于宝湖的室外温度。因此在宝湖取完湖水，再掺入不同比例的再生水后，由于温度的升高，所以溶解氧的含量也就下降了。随后由于天气温度的降低，溶解氧含量有着上升的趋势。最后试验末尾阶段的溶解氧含量均低于试验初期的含量。

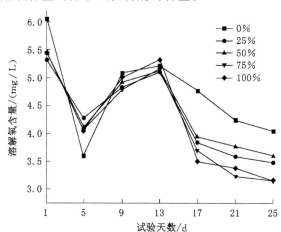

图 5-21　冬季不同配水条件下溶解氧含量的变化曲线

（3）CODmn 含量

CODmn 的含量变化如图 5-22 所示。初始阶段，不同比例再生水的实验组的 CODmn 出现了明显的分层现象。再生水比例越高的实验组，CODmn 的浓度则越低。由于再生水经过再生水水厂的处理，因此湖水的污染物浓度显著高于再生水。实验组整体呈现出先下降后保持平稳的趋势。实验组处于静止状态下，由于水体有着自净功能，有机物被自然降解使得 CODmn 逐渐下降。当有机物被降解到一定程度时，CODmn 的浓度变不会再下降。

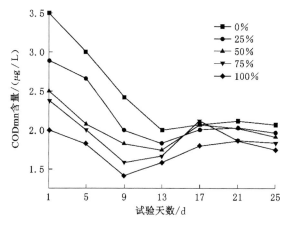

图 5-22　冬季不同配水条件下 CODmn 含量的变化

（4）磷含量

总磷变化如图 5-23 所示,冬季试验中总磷含量整体呈现出下降的趋势。高比例再生水实验组的总磷含量高于低比例再生水实验组含量。水体中的 TP 主要成分为溶解性的 PO_{43}-p,由于 PO_{43}-p 继续被利用而降低。藻类在死亡过程中,含磷物质从死亡藻体内释放出来,导致了 TP 的升高。

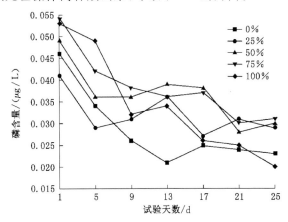

图 5-23　冬季不同配水条件下磷含量的变化曲线

（5）叶绿素 a 含量

叶绿素 a 含量的变化如图 5-24 所示。不同比例再生水的叶绿素 a 含量出现明显分层,而且整体上呈下降趋势。叶绿素 a 可在一定程度上代表藻类的数量,湖水中有含有大量藻类,而再生水比例越高的实验组,藻类含量越少。第一次测验时,纯湖水实验组的叶绿素 a 含量达 35.35 $\mu g/L$,而 100% 再生水的叶绿素 a 含量仅达 5.55 $\mu g/L$。而最后一次试验测得,纯湖水实验组的叶绿素 a 含量为 15.32 $\mu g/L$,而 100% 再生水的叶绿素 a 含量为 2.82 $\mu g/L$。这是由于随着试验的进行,氮磷等营养物质逐渐减少,且藻类代谢产物排入水体,导致水环境恶化,藻类生长受到抑制甚至死亡,所以叶绿素 a 含量逐渐下降。

5.3.4　四个季节的水质变化比较和分析

（1）溶解氧含量

图 5-25 为不同比例再生水溶解氧含量的四季变化图,从图中可以看出:秋季和冬季的溶解氧含量在试验的初始阶段超过春、夏两季,秋、冬季的平均溶解氧含量较高而夏季最低,春季的居中。秋季不同比例再生水的溶解氧含量最高时达 6.45 $\mu g/L$,夏季不同比例再生水的溶解氧含量最低时达 3.1 $\mu g/L$。由前文可知是温度造成了上述变化,但四个季节的溶解氧含量均达到《再生水景观环

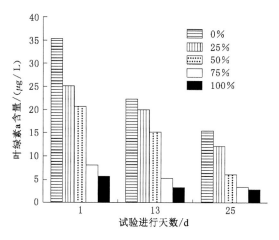

图 5-24　冬季不同配水条件下叶绿素 a 含量的变化

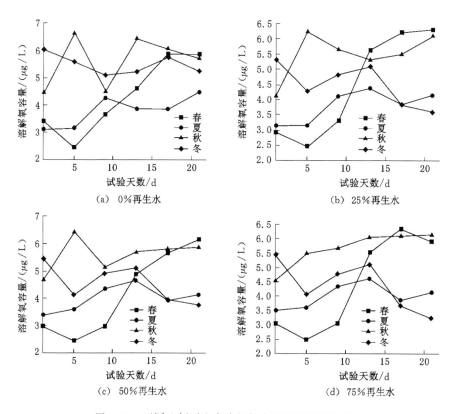

（a）0%再生水

（b）25%再生水

（c）50%再生水

（d）75%再生水

图 5-25　不同比例再生水溶解氧含量的四季变化图

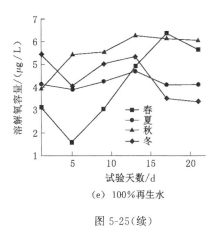

（e）100％再生水

图 5-25（续）

境用水（湖泊类）》的标准，因此若利用再生水完全替代黄河水，不会对溶解氧造成影响。

（2）氮含量

图 5-26 为不同比例再生水氮含量的四季变化图，从总体来看，冬季的 5 个比例中再生水试验组氮含量最高，剩余 3 个季节的氮含量相差不大。再生水含量越高的试验组，氮含量越高：100％再生水的氮含量为 11 mg/L，而 0％再生水试验组的氮含量为 3 mg/L。因此再生水含量对氮含量影响较大，而季节因素对氮含量影响较小。

（3）磷含量

图 5-27 为不同比例再生水磷含量的四季变化图。由图 5-27 可知：25％～100％再生水试验组秋季磷含量最高，剩余季节磷含量相差不大。《城市污水再生利用 景观环境用水水质》（BG/T 18921—2002）中限定总磷含量需小于 0.5，四个季节不同比例再生水均符合以上要求。

5.3.5　试验讨论

（1）再生水和湖水按照不同比例混掺后，溶解氧含量在春、夏、秋试验季中均呈现上升趋势，而在冬季试验中呈现下降趋势。由于再生水含盐量较高，因此和湖水混掺后出现电导率出现明显的分层现象，再生水含量越高的试验组的电导率越高，且电导率随着时间的推移变化较小。初始湖水的叶绿素 a 含量远高于再生水，因此再生水含量越低的试验组的叶绿素 a 含量越高，在四个季节中叶绿素 a 均随着时间推移呈现下降趋势。四个季节中，每个试验组的磷含量和 CODmn 含量有轻微下降趋势。

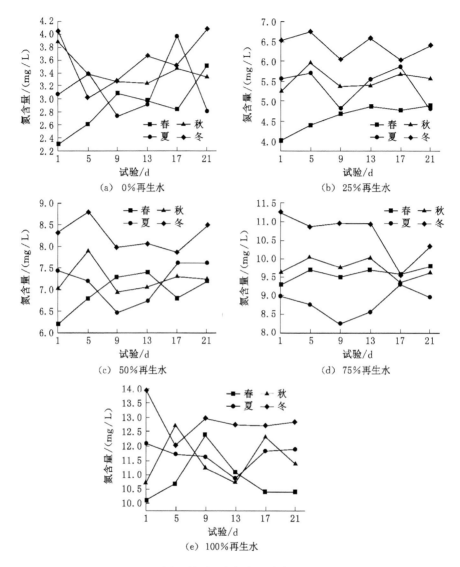

图 5-26 不同比例再生水氮含量浓度的四季变化图

（2）宝湖的初始水质为劣 V 类,超标项目为氮含量。目前出厂水质已优于一级 A 标准,达到《城市污水再生利用 景观环境用水水质》(GB/T 18921—2019)的标准,多数指标达到或优于地表水Ⅳ类标准,但氮含量较地表水Ⅳ类标准值明显超标。再生水和湖水混掺后,氮含量过高,有可能会导致富营养化。

（3）总体来看,再生水补充景观水体后,存在着氮含量超标的问题,需要防

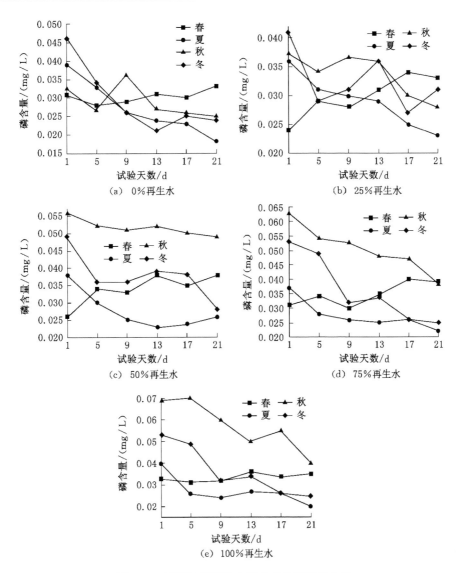

图 5-27　不同比例再生水磷含量的四季变化图

止水体富营养化的发生。在利用过程中,可采用水生植物净化和加强湖泊水体流动性等措施[192],使水体的水质符合地表水Ⅳ类标准。

（4）在水温较高的情况下,再生水占比不同的各个水样水质均会发生不同程度的恶化,并且再生水占比较高的水体对环境的敏感度更高,更易受外部气候变化而引起水质变化,恶化速率更高。因此夏季时推荐对宝湖水体补充时建议再生水比例为 50%～75%。其余季节可以完全使用再生水来替代黄河水。

5.4　本章小结

再生水回用量健康与否影响水循环健康状态,为了探索提升银川市水循环健康程度的路径,针对银川市水资源短缺、湖泊生态补水较困难等问题,从再生水水质方面对再生水景观补水的可行性进行试验研究,模拟不同再生水补水比例条件下景观水体的水质变化规律。总体来看,各季节不同比例的大部分指标变化良好,均符合《城市污水再生利用 景观环境用水水质》(GB/T 18921—2002)的相关规定。但需要注意氮含量过高问题,因此利用再生水补充景观水体后需要采取一些措施防止富营养化。

第6章 主要结论

干旱地区,在水资源不足的刚性约束下,经济社会发展与水资源短缺的矛盾日益突出,对区域的水循环带来了严重的影响。水生态环境变化和水资源对经济社会发展承载高负荷状态下,需要探索水循环的驱动及约束机制演变规律,认识水系统变化与区域水资源、社会经济等人类干扰的响应关系,进一步明确水与城市发展的协调关系的关键点,探索水资源及社会经济系统的适应性调节方式及其效果,进一步为资源环境减荷,使经济社会发展与资源环境趋于更健康的平衡状态。

针对以上问题,基于水系统健康循环和调控理论的要求,从适应性策略及其评价出发,以宁夏及银川市为例,对健康循环状态进行评价并进一步分析影响健康循环的关键因素、宁夏水系统健康循环状态的空间差异;继而分析了区域水资源短缺状态下的可能风险、社会适应性措施的耦合协调程度;以再生水回用为关键策略,从提升水资源、水环境承载力角度研究再生水回用对承载力提升及健康水循环的调控方案及策略。主要研究成果如下:

(1)环境变化下社会水循环健康与否取决于城市水系统中人类社会经济活动与水环境的相互适应及协调关系的状态。水资源短缺地区尤其应该重视社会适应能力的匹配与协调。现代健康水循环理念应综合考虑社会水循环与自然水循环有机结合,保证水循环中每个过程的"健康",包括水生态水平的完整性、水环境质量的安全健康、水资源利用的高效节约、水资源的合理开发。因此保证水循环的健康性首先要减少水体污染,使河湖水质受到污染后拥有较强的恢复能力,同时要维持河流生态的基本流量,保障水生态文明的建设以及水体功能的正常化,其次要有充足的水资源可供人类使用,生活、工业、农业用水得到保障,支撑社会的长远发展,最后是合理、科学地使用水资源,保持水资源的高效利用,对污水要集中处理并扩大再生水回用规模。干旱地区不同区域之间受经济社会适应能力差距的影响,不同区域的状态不同,关键驱动因素也有较大差别,因此后期的调控策略选择上也应该有所不同。

(2)以银川市为例,充分考虑干旱区的水资源禀赋条件和生态环境特点,从水资源丰度、水环境质量、水资源利用、水生态水平四个方面建立指标体系,进行健康水循环评价研究。研究结果表明:保障河流湖泊生态水量对于维护水安全和生态安全具有重要意义,饮用水水源以及供水管网水质都能长期处于健康甚至非常健康状态,成为用水安全的必要保证;提高再生水回用率,是提高水资源利用维度健康水平的重要手段。银川市水源多样性还是比较单一,在极端干旱的年份,常规水源一旦失效,城市水资源将面临巨大的威胁,人均水资源量的不足是水资源丰度处于亚健康状态的重要原因之一。

从宁夏水循环健康状况评价结果来看,五市之间水循环健康状况 2018 年相比于 2010 年均有不同程度的提高,但存在一定的地区差异,不同区域的关键影响因素不同。其中银川市的水循环健康状况主要受农业用水量和污水处理的影响,未来应当大力发展农业节水,严格控制污水处理及排放。石嘴山市主要受当地的水资源量以及污水处理能力影响,作为老牌工业基地,应进一步提升污水处理能力,提高水循环健康状况。吴忠市的水循环健康状况多年变化趋势比较平稳,生态投资率与排水管道建设较好,应当继续保持。固原市的水循环健康状况主要取决于当地的天然水资源变化量,建议加大水资源保护以及水环境治理力度,以地下水开采与地表水利用适当结合的方式发展。中卫市主要取决于农业用水量和城市绿化覆盖率,作为宁夏最年轻的城市,中卫市发展非常迅速,在此过程中更应该注重节水和环境保护,进一步促进发展。

(3)对于宁夏沿黄经济区而言,水资源短缺的风险程度不同,水资源禀赋、社会经济和水环境的发展是影响水资源短缺风险的主要影响因素。水资源禀赋指标受地理位置和气候条件的影响,而社会经济与水环境和人文社会系统有关,当自然水资源相对缺乏时,人文社会系统会受到影响,交互胁迫作用关系愈加明显。宁夏沿黄经济区水资源短缺与社会适应能力发展状况整体呈上升趋势。从水资源发展状况来看,水资源短缺状况呈波浪式增长,其中,银川市和石嘴山市水资源短缺综合评价指数处于较高水平,总体呈上升趋势。吴忠市和中卫市的水资源短缺综合评价指数较低,但也呈现增长趋势。从社会适应能力发展状况来看,社会适应能力处于缓慢增长的趋势,银川市和石嘴山市发展水平较高,吴忠市和中卫市其次。银川市耦合协调度最高,基本处于良好耦合协调发展和优质耦合协调发展阶段。石嘴山市耦合协调度处于居中水平,其数值均处于 0.7~0.9 之间,且呈波动式增长。吴忠市和中卫市耦合协调度相对较低,但也呈现不断升高趋势。沿黄 4 市区域差距不平等水平在逐渐缩小,向较好的方向发展。

说明在应对资源短缺的问题时,强调经济社会的主动调整与水资源短缺、水环境污染的相互适应过程与响应。解决水问题的关键是如何使二者最大限度达到耦合协调发展状态。

　　(4) 研究表明:再生水回用作为构建自然、社会健康循环的纽带,以及提升干旱区水资源、环境承载力的重要策略,将其加入银川市的水资源健康循环,能有效提升水资源承载力,但从将人口、GDP、缺水量、COD 排放总量以及污水回用工程投资占 GDP 比例等水资源承载力的特征指标协调的角度来看,再生水目前的回用率 25% 左右可以满足系统的协调发展,但根据规划要求,2025 年银川市的再生水回用率要达到 50%,显然,目前的社会发展及其再生水投入不能满足规划要求。同时,以城市典型湿地为例,通过试验,探索再生水用于生态补水及环境改善的可行性,研究结果表明:对于宝湖湿地,在再生水达到 1 级 A 排放标准的前提下,可用于湖泊的四季补水,不会对湖泊水质主要指标产生较大影响,但是在夏季,建议再生水替代黄河水的补水比例保持在 75% 左右为最佳。但总体而言目前城市的再生水回用水平不能适应经济社会、人口发展生态环境保护对再生水的需求。

　　社会经济调控措施的实施可以增强社会适应能力对水资源短缺的响应,并有效地缓解水影响下的环境问题。基于二元水循环理念,在明确典型水资源短缺地区健康水循环的内涵基础上,通过综合评价,确定区域健康水循环短板,进一步从社会适应能力角度出发,讨论社会调控能力与水资源短缺带来的健康水循环问题的耦合协调关系,探明社会适应调控能力的不足之处,基于水资源、水环境调控,分别从再生水回用的承载力补充、再生水回用的生态回用的可行性讨论干旱地区在节水基础上的再生水开源策略的影响,为区域的健康水循环发展提供依据。

附　　录

附表 1　2012 年宁夏沿黄经济区水资源短缺与社会适应能力评价指标
数据标准化及权重

目标层	决策层	指标层	银川市	石嘴山市	吴忠市	中卫市	权重
水资源短缺	取水	产水模数	0.605 8	1.000 0	0.000 0	0.099 9	0.134 6
		径流深	0.534 1	1.000 0	0.000 0	0.073 9	0.098 8
		人均水资源量	0.000 0	1.000 0	0.012 4	0.342 6	0.042 8
	配水	农业用水所占比例	0.000 0	0.041 3	0.970 1	1.000 0	0.000 5
		工业用水所占比例	0.790 1	1.000 0	0.000 0	0.001 7	0.061 4
	用水	万元 GDP 用水量	0.000 0	0.195 9	1.000 0	0.845 4	0.065 0
		万元工业增加值用水量	0.000 0	0.285 7	0.928 6	1.000 0	0.014 9
		农业亩均用水量	1.000 0	0.000 0	0.074 5	0.291 9	0.002 3
	回水	污水处理回用量	1.000 0	0.655 2	0.310 3	0.000 0	0.302 6
		城镇污水处理率	0.806 9	1.000 0	0.000 0	0.478 3	0.274 2
		年降水量	0.483 9	0.000 0	0.919 4	1.000 0	0.002 8
社会适应能力	社会发展状况	人口自然增长率	0.045 7	0.000 0	1.000 0	0.922 9	0.116 6
		城镇登记失业率	0.666 7	1.000 0	0.000 0	0.833 3	0.000 4
		城镇化率	1.000 0	0.930 3	0.172 8	0.000 0	0.322 0
	经济增长基础	人均 GDP	1.000 0	0.853 0	0.007 3	0.000 0	0.537 4
		人均可支配收入	1.000 0	0.648 7	0.000 0	0.005 8	0.022 3
		恩格尔系数	1.000 0	0.000 0	0.611 1	0.444 4	0.001 3

附表 2　2013 年宁夏沿黄经济区水资源短缺与社会适应能力评价指标
数据标准化及权重

目标层	决策层	指标层	银川市	石嘴山市	吴忠市	中卫市	权重
水资源短缺	取水	产水模数	0.610 8	1.000 0	0.000 0	0.191 0	0.115 1
		径流深	0.549 5	1.000 0	0.000 0	0.340 7	0.059 5
		人均水资源量	0.000 0	1.000 0	0.048 9	0.680 2	0.042 2
	配水	农业用水所占比例	0.000 0	0.133 5	0.911 8	1.000 0	0.000 6
		工业用水所占比例	0.890 6	1.000 0	0.084 7	0.000 0	0.078 1
	用水	万元 GDP 用水量	0.000 0	0.274 2	1.000 0	0.831 0	0.062 7
		万元工业增加值用水量	0.000 0	1.000 0	1.000 0	0.411 8	0.007 0
		农业亩均用水量	1.000 0	0.533 3	0.423 8	0.000 0	0.003 3
	回水	污水处理回用量	0.935 5	1.000 0	0.290 3	0.000 0	0.322 5
		城镇污水处理率	1.000 0	0.719 0	0.000 0	0.216 9	0.287 0
		年降水量	0.239 7	0.000 0	0.785 1	1.000 0	0.021 9
社会适应能力	社会发展状况	人口自然增长率	0.172 8	0.000 0	0.834 1	1.000 0	0.158 8
		城镇登记失业率	0.764 7	1.000 0	0.000 0	0.529 4	0.000 8
		城镇化率	1.000 0	0.911 0	0.177 0		0.310 4
	经济增长基础	人均 GDP	1.000 0	0.919 3	0.023 5	0.000 0	0.507 3
		人均可支配收入	1.000 0	0.629 8	0.000 0	0.054 4	0.020 5
		恩格尔系数	1.000 0	0.428 6	0.095 2	0.000 0	0.002 2

附表 3　2014 年宁夏沿黄经济区水资源短缺与社会适应能力评价指标
数据标准化及权重

目标层	决策层	指标层	银川市	石嘴山市	吴忠市	中卫市	权重
水资源短缺	取水	产水模数	0.560 0	1.000 0	0.000 0	0.259 0	0.069 3
		径流深	0.444 4	1.000 0	0.000 0	0.513 9	0.027 6
		人均水资源量	0.000 0	0.828 6	0.359 6	1.000 0	0.041 4
	配水	农业用水所占比例	0.216 3	0.000 0	0.907 1	1.000 0	0.000 7
		工业用水所占比例	0.394 1	1.000 0	0.090 6	0.000 0	0.094 5
	用水	万元 GDP 用水量	0.000 0	0.261 2	1.000 0	0.866 0	0.063 4
		万元工业增加值用水量	1.000 0	0.733 3	0.133 3	0.000 0	0.005 9
		农业亩均用水量	1.000 0	0.782 1	0.687 2	0.000 0	0.003 9
	回水	污水处理回用量	1.000 0	0.511 6	0.255 8	0.000 0	0.350 3
		城镇污水处理率	1.000 0	0.666 2	0.000 0	0.576 8	0.293 4
		年降水量	0.202 8	0.000 0	0.889 4	1.000 0	0.049 7
社会适应能力	社会发展状况	人口自然增长率	0.396 2	0.000 0	1.000 0	0.990 4	0.238 5
		城镇登记失业率	0.000 0	1.000 0	0.266 7	0.466 7	0.000 6
		城镇化率	1.000 0	0.916 4	0.170 2	0.000 0	0.252 1
	经济增长基础	人均 GDP	1.000 0	0.875 2	0.060 3	0.000 0	0.456 6
		人均可支配收入	1.000 0	0.403 4	0.000 0	0.012 5	0.036 8
		恩格尔系数	0.037 7	1.000 0	0.490 6	0.000 0	0.015 5

附表 4　2015 年宁夏沿黄经济区水资源短缺与社会适应能力评价指标
数据标准化及权重

目标层	决策层	指标层	银川市	石嘴山市	吴忠市	中卫市	权重
水资源短缺	取水	产水模数	0.508 5	1.000 0	0.000 0	0.166 9	0.110 2
		径流深	0.333 3	1.000 0	0.000 0	0.281 3	0.053 9
		人均水资源量	0.000 0	1.000 0	0.258 0	0.797 4	0.047 1
	配水	农业用水所占比例	0.006 1	0.000 0	1.000 0	0.925 0	0.000 5
		工业用水所占比例	0.470 6	1.000 0	0.000 0	0.060 5	0.091 9
	用水	万元 GDP 用水量	0.000 0	0.267 6	1.000 0	0.774 6	0.065 8
		万元工业增加值用水量	0.666 7	0.777 8	0.000 0	1.000 0	0.004 1
		农业亩均用水量	1.000 0	0.722 5	0.411 5	0.000 0	0.005 5
	回水	污水处理回用量	1.000 0	0.493 5	0.597 4	0.000 0	0.298 2
		城镇污水处理率	1.000 0	0.680 5	0.797 6		0.313 4
		年降水量	0.277 8	0.000 0	1.000 0	0.611 1	0.009 5
社会适应能力	社会发展状况	人口自然增长率	0.287 5	0.000 0	1.000 0	0.809 7	0.201 4
		城镇登记失业率	0.000 0	1.000 0	0.472 2	0.777 8	0.004 0
		城镇化率	1.000 0	0.942 0	0.185 1		0.243 3
	经济增长基础	人均 GDP	1.000 0	0.814 3	0.045 5	0.000 0	0.489 4
		人均可支配收入	1.000 0	0.389 8	0.000 0	0.007 6	0.039 2
		恩格尔系数	1.000 0	0.950 0	0.716 7	0.000 0	0.022 7

参 考 文 献

[1] 秦大庸,陆垂裕,刘家宏,等.流域"自然-社会"二元水循环理论框架[J].科学通报,2014,59(S1):419-427.

[2] 李维佳.京津冀自然—社会水循环模式研究[D].大连:辽宁师范大学,2019.

[3] 李峰平,章光新,董李勤.气候变化对水循环与水资源的影响研究综述[J].地理科学,2013,33(4):457-464.

[4] 左其亭.环境变化下的水资源适应性利用[N].黄河报,2017-03-07(3).

[5] ALCAMO J,GRASSL H,HOFF H,et al. The global water system project: science framework and implementation activities[C].[S. l. ;s. n.],2005.

[6] 夏军.我国水资源管理与水系统科学发展的机遇与挑战[J].沈阳农业大学学报(社会科学版),2011,13(4):394-398.

[7] FALKENMARK M. Society's interaction with the water cycle:a conceptual framework for a more holistic approach[J]. Hydrologicalsciences journal,1997, 42(4):451-466.

[8] MERRETT S. Introduction to the economics of water resources: An international perspective[M]. London:UCL Press,1997:35-61.

[9] MERRETT S. Integrated water resources management and the hydrosocial balance[J]. Waterinternational,2004,29(2):148-157.

[10] ARNOLD J G,FOHRER N. SWAT2000:current capabilities and research opportunities in applied watershed modelling[J]. Hydrologicalprocesses, 2005,19(3):563-572.

[11] LIU J,DIETZ T,CARPENTER S R,et al. Coupled human and natural systems[J]. Ambio,2007,36(8):639-649.

[12] HARDY M J,KUCZERA G,COOMBES P J. Integrated urban water cycle management: the UrbanCycle model [J]. Waterscience and technology:a journal of the international association on water pollution research,2005,52(9):1-9.

[13] MONTANARI A,YOUNG G,SAVENIJE H H G,et al. "Panta Rhei-

everything Flows":change in hydrology and society—the IAHS Scientific Decade 2013 – 2022[J]. Hydrologicalsciences journal,2013,58(6): 1256-1275.

[14] LINTON J,BUDDS J. The hydrosocial cycle:defining and mobilizing a relational-dialectical approach to water[J]. Geoforum,2014,57:170-180.

[15] MOLLINGA P P. Canal irrigation and the hydrosocial cycle[J]. Geoforum,2014,57:192-204.

[16] MCDONNELL R A. Circulations and transformations of energy and water in Abu Dhabi's hydrosocial cycle[J]. Geoforum,2014,57:225-233.

[17] 曾维华,程声通.流域水环境集成规划刍议[J].水利学报,1997,28(10): 78-83.

[18] 李圭白,李星.水的良性社会循环与城市水资源[J].中国工程科学,2001, 3(6):37-40.

[19] 程国栋.虚拟水:中国水资源安全战略的新思路[J].中国科学院院刊, 2003,18(4):260-265.

[20] 陈庆秋,陈晓宏.基于社会水循环概念的水资源管理理论探讨[J].地域研究与开发,2004,23(3):109-113.

[21] 陈庆秋.珠江三角洲城市节水减污研究[D].广州:中山大学,2004: 149-152.

[22] 王浩,龙爱华,于福亮,等.社会水循环理论基础探析Ⅰ:定义内涵与动力机制[J].水利学报,2011,42(4):379-387.

[23] 黄茄莉,徐中民,王康.甘州区社会经济系统水循环研究[J].水利学报, 2010,41(9):1114-1120.

[24] 王勇,肖洪浪,李彩芝,等.张掖市社会经济系统水循环过程研究与水量估算[J].中国沙漠,2011,31(4):1065-1071.

[25] 李玉文,程怀文,鲍海君.浙江省社会经济水循环及水资源管理创新研究 [J].生态经济,2013,29(8):59-63.

[26] 王浩,王建华,秦大庸,等.基于二元水循环模式的水资源评价理论方法 [J].水利学报,2006,37(12):1496-1502.

[27] 刘家宏,秦大庸,王浩,等.海河流域二元水循环模式及其演化规律[J].科学通报,2010,55(6):512-521.

[28] 王浩,贾仰文,杨贵羽,等.海河流域二元水循环及其伴生过程综合模拟 [J].科学通报,2013,58(12):1064-1077.

[29] 周斌,桑学锋,秦天玲,等.我国京津冀地区良性水资源调控思路及应对策

略[J].水利水电科技进展,2019,39(3):6-10.

[30] 邓铭江,龙爱华,李江,等.西北内陆河流域"自然-社会-贸易"三元水循环模式解析[J].地理学报,2020,75(7):1333-1345.

[31] ZHANG J,XIONG B Y,CHEN L X,et al. Healthy water cycle and Chinese practice based water environment restoration[J]. Journal of Japan sewa,work SAS,2005,42(508):41-50.

[32] 陈家琦.论水资源学和水文学的关系[J].水科学进展,1999,10(3):215-218.

[33] 张杰,丛广治.我国水环境恢复工程方略[J].中国工程科学,2002,4(8):44-49.

[34] 张杰,熊必永.城市水系统健康循环的实施策略[J].北京工业大学学报,2004,30(2):185-189.

[35] 张杰,熊必永,李捷.水健康循环原理与应用[M].北京:中国建筑工业出版社,2006.

[36] 高艳玲,吕炳南,王立新.健康水循环与水资源可持续利用[J].城市问题,2005(5):46-49.

[37] MURASE M. Establishment of sound water cycle systems:developing hydrological cycle evaluation indicators[EB/OL]. http:/www. nilim. go. jp/english/report/annual2004/p050-053.

[38] 杨峰.健康水循环与新的水策略:以山西省水资源和水环境为例[D].杨凌:西北农林科技大学,2007.

[39] 赵彦伟,曾勇,杨志峰,等.面向健康的城市水系生态修复方案优选方法[J].生态学杂志,2008,27(7):1244-1248.

[40] 武明亮.株洲市一江四港再生水补水方案研究[D].西安:西安理工大学,2017.

[41] 段娜.邯郸市主城区水循环健康评价与演变分析[D].邯郸:河北工程大学,2019.

[42] 栾清华,张海行,褚俊英,等.基于关键绩效指标的天津市水循环健康评价[J].水电能源科学,2016,34(5):38-41.

[43] CHU J Y,WANG J H,WANG C. A structure-efficiency based performance evaluation of the urban water cycle in Northern China and its policy implications[J]. Resources,conservation and recycling,2015,104:1-11.

[44] 陈炯利.区域水循环健康评价初步研究[D].银川:宁夏大学,2020.

[45] 唐继张,夏伟,周维博,等.基于关键绩效指标的西安市水循环健康评价

[J].南水北调与水利科技,2019,17(1):39-45,60.

[46] 范威威.京津冀水循环健康评价与水资源配置研究[D].北京:华北电力大学,2018.

[47] 刘沛衡.京津冀地区水循环健康评价[D].郑州:华北水利水电大学,2020.

[48] ZHANG S H,FAN W W,YI Y J,et al. Evaluation method for regional water cycle health based on nature-society water cycle theory[J]. Journal of hydrology,2017,551:352-364.

[49] 王浩,于福亮,王建华,龙爱华.社会水循环理论基础探析Ⅱ:科学问题与学科前沿[J].水利学报,2011,42(5):505-514.

[50] 朱惇,贾海燕,周琴.汉江中下游河流健康综合评价研究[J].水生态学杂志,2019,40(1):1-8.

[51] 吴普特,高学睿,赵西宁,等.实体水-虚拟水"二维三元"耦合流动理论基本框架[J].农业工程学报,2016,32(12):1-10.

[52] OHLSSON L. Water and social resource scarcity — An issue paper Commissioned by FAO/AGLW[C]//Presented as a discussion paper for the 2nd FAO E-mail Conference on Managing Water Scarcity. WATSCAR,1998,2.

[53] OHLSSON L. Water conflicts and social resource scarcity[J]. Physics and Chemistry of the Earth, Part B: Hydrology, Oceans and atmosphere, 2000,25(3):213-220.

[54] CÔTÉ I M,DARLING E S. Rethinking ecosystem resilience in the face of climate change[J]. PLoS biology,2010,8(7):e1000438.

[55] ROCKSTRÖM J. Resilience building and water demand management for drought mitigation[J]. Physics and chemistry of the earth,2003,28(20/21/22/23/24/25/26/27):869-877.

[56] LINDNER M,MAROSCHEK M,NETHERER S,et al. Climate change impacts, adaptive capacity, and vulnerability of European forest ecosystems[J]. Forest ecology and management,2010,259(4):698-709.

[57] YASIR MOHIELDEEN. Responses to water scarcity: social adaptive capacity and role of environmental information a case study from TA'IZ, YEMEN[J]. Occassional Paper NO 23. Water Issues Study Grop. School of Oriental and African Study(AOAS). September 1991.

[58] TURNER B L 2nd,KASPERSON R E,MATSON P A,et al. A framework for vulnerability analysis in sustainability science[J]. Proceedings of the national

academy of sciences of the United States,2003,100(14):8074-8079.

[59] 程怀文,李玉文,徐中民.水资源短缺的社会适应能力理论及实证:以黑河流域为例[J].生态学报,2011,31(5):1430-1439.

[60] 徐中民,龙爱华.中国社会化水资源稀缺评价[J].地理学报,2004,59(6):982-988.

[61] 周斌,桑学锋,秦天玲,等.我国京津冀地区良性水资源调控思路及应对策略[J].水利水电科技进展,2019,39(3):6-10.

[62] PANDEY V P,BABEL M S,SHRESTHA S,et al. A framework to assess adaptive capacity of the water resources system in Nepalese River Basins [J]. Ecological indicators,2011,11(2):480-488.

[63] 左其亭.水资源适应性利用理论的应用规则与关键问题[J].干旱区地理,2017,40(5):925-932.

[64] 夏军,石卫,陈俊旭,等.变化环境下水资源脆弱性及其适应性调控研究——以海河流域为例[J].水利水电技术,2015,6:27-34.

[65] 方国华,周健,赵立梅.江苏省水利建设与经济社会发展适应能力评价[J].中国农村水利水电,2013(6):117-120,123.

[66] 王慧敏.落实最严格水资源管理的适应性政策选择研究[J].河海大学学报(哲学社会科学版),2016,18(3):38-43.

[67] 李玮,刘家宏,贾仰文,等.社会水循环演变的经济驱动因素归因分析[J].中国水利水电科学研究院学报,2016,14(5):356-361.

[68] 李昌彦,王慧敏,王圣,等.水资源适应对策影响分析与模拟[J].中国人口·资源与环境,2014,24(3):145-153.

[69] 王永良,唐莲,张静,等.宁夏沿黄经济区水资源短缺与社会适应能力耦合关系分析[J].水资源与水工程学报,2018,29(6):245-249.

[70] 左其亭.水资源适应性利用理论及其在治水实践中的应用前景[J].南水北调与水利科技,2017,15(1):18-24.

[71] 李星.基于TOPSIS及耦合协调度的塔里木河流域水资源适应性利用能力评估及调控研究[D].郑州:郑州大学,2021.

[72] 左其亭,李佳伟,马军霞,等.新疆水资源时空变化特征及适应性利用战略研究[J].水资源保护,2021,37(2):21-27.

[73] 刘俊国,赵丹丹."量-质-生"三维水资源短缺评价:评述及展望[J].科学通报,2020,65(36):4251-4261.

[74] 潘争伟,金菊良,王晶,等.变化环境下流域水资源系统适应性机理及定量分析[J].水资源与水工程学报,2020,31(6):9-16.

[75] HUA Y Y, CUI B S. Environmental flows and its satisfaction degree forecasting in the Yellow River [J]. Ecological indicators, 2018, 92: 207-220.

[76] YIN Y Y, TANG Q H, LIU X C, et al. Water scarcity under various socio-economic pathways and its potential effects on food production in the Yellow River Basin[J]. Hydrology and earth system sciences, 2017, 21(2): 791-804.

[77] 王煜, 彭少明, 郑小康. 黄河流域水量分配方案优化及综合调度的关键科学问题[J]. 水科学进展, 2018, 29(5): 614-624.

[78] 吴青松, 马军霞, 左其亭, 等. 塔里木河流域水资源-经济社会-生态环境耦合系统和谐程度量化分析[J]. 水资源保护, 2021, 37(2): 55-62.

[79] 李星, 左其亭, 韩淑颖, 等. 塔里木河流域水资源适应性利用能力评价及调控[J]. 水资源保护, 2021, 37(2): 63-68.

[80] 陈岩, 冯亚中. 基于RS-SVR模型的流域水资源脆弱性评价与预测研究: 以黄河流域为例[J]. 长江流域资源与环境, 2020, 29(1): 137-149.

[81] 黄昌硕, 耿雷华, 颜冰, 等. 水资源承载力动态预测与调控: 以黄河流域为例[J]. 水科学进展, 2021, 32(1): 59-67.

[82] 王建华, 何凡. 承载力视域下的水资源消耗总量和强度双控行动认知解析[J]. 中国水利, 2016(23): 34-35, 40.

[83] 王建华, 江东, 顾定法, 等. 基于SD模型的干旱区城市水资源承载力预测研究[J]. 地理学与国土研究, 1999, 15(2): 19-23.

[84] 王建华, 翟正丽, 桑学锋, 等. 水资源承载力指标体系及评判准则研究[J]. 水利学报, 2017, 48(9): 1023-1029.

[85] 王鹏龙, 宋晓谕, 徐冰鑫, 等. 黑河流域张掖段水资源承载力评价及提升对策研究[J]. 冰川冻土, 2020, 42(3): 1057-1066.

[86] 封志明, 李鹏. 承载力概念的源起与发展: 基于资源环境视角的讨论[J]. 自然资源学报, 2018, 33(9): 1475-1489.

[87] 李少朋, 赵衡, 王富强, 等. 基于AHP-TOPSIS模型的江苏省水资源承载力评价[J]. 水资源保护, 2021, 37(3): 20-25.

[88] 徐彤彤. 京津冀水资源承载力比较研究[D]. 保定: 河北大学, 2019.

[89] 张国庆. 辽宁省水资源承载力预警模型研究[J]. 水利规划与设计, 2018(8): 75-78, 130.

[90] 王建华, 何凡, 何国华. 关于水资源承载力需要厘清的几点认识[J]. 中国水利, 2020(11): 1-5.

[91] 董少军. 杭州核心城区水资源-水环境承载力综合评价研究[D]. 杭州: 浙江

工业大学,2020.

[92] 周维博.水资源综合利用[M].北京:中国水利水电出版社,2013.

[93] 朱一中,夏军,谈戈.关于水资源承载力理论与方法的研究[J].地理科学进展,2002,21(2):180-188.

[94] 陈庆秋.水资源管理市场经济机制的理论剖析[J].人民黄河,2005,27(5):35-36,54.

[95] 王娇娇.区域社会水循环内涵及其调控机制研究[D].扬州:扬州大学,2015.

[96] 张爱国,李鑫,张义明,等.城市水资源承载力评价指标体系构建:以天津市为例[J].安全与环境学报,2021,21(4):1839-1848.

[97] 白露,吴成国,金菊良,等.基于 Logistic 关联分析的水资源承载力评价[J].人民黄河,2019,41(12):43-49.

[98] 彭少明,黄强,陈爱红,等.黄河流域水资源多维临界调控研究[J].人民黄河,2003,25(9):21-22,46.

[99] 黄强,畅建霞.水资源系统多维临界调控的理论与方法[M].北京:中国水利水电出版社,2007.

[100] 孙富行.水资源承载力分析与应用[D].南京:河海大学,2006.

[101] YANG T T, ASANJAN A A, WELLES E, et al. Developing reservoir monthly inflow forecasts using artificial intelligence and climate phenomenon information[J]. Water resources research,2017,53(4):2786-2812.

[102] WATANABE K, KASAI A, ANTONIO E S, et al. Influence of salt-wedge intrusion on ecological processes at lower trophic levels in the Yura Estuary,Japan[J]. Estuarine,coastal and shelf science,2014,139:67-77.

[103] 张礼兵,胡亚南,金菊良,等.基于系统动力学的巢湖流域水资源承载力动态预测与调控[J].湖泊科学,2021,33(1):242-254.

[104] 桂春雷.基于水代谢的城市水资源承载力研究:以石家庄市为例[D].北京:中国地质科学院,2014.

[105] 张静,唐莲,刘子西,等.宁夏水环境承载力变化趋势及影响因素研究[J].宁夏大学学报(自然科学版),2019,40(3):281-285.

[106] 张静.基于污水再生回用的银川市水环境承载力研究[D].银川:宁夏大学,2018.

[107] 张静,唐莲,刘子西,等.污水再生回用对银川市水资源承载力的影响[J].安全与环境学报,2020,20(2):756-762.

[108] 黄天炎,唐莲.L-M 优化改进的 BP 网络模型在水环境承载力评价中的应用研究[J].中国农村水利水电,2019(5):47-51.

[109] 邵益生.城市水系统控制与规划原理[J].城市规划,2004,28(10):62-67.

[110] 王晓昌.城市污水再生利用的新模式:近自然循环体系中实现资源效益最大化[J].工程建设标准化,2014(7):16-19.

[111] 胡洪营,石磊,许春华,等.区域水资源介循环利用模式:概念·结构·特征[J].环境科学研究,2015,28(6):839-847.

[112] LIU X G, XU H, WANG X D, et al. An ecological engineering pond aquaculture recirculating system for effluent purification and water quality control[J]. CLEAN – Soil, Air, Water, 2014, 42(3):221-228.

[113] ZURITA F, WHITE J. Comparative study of three two-stage hybrid ecological wastewater treatment systems for producing high nutrient, reclaimed water for irrigation reuse in developing countries[J]. Water, 2014, 6(2):213-228.

[114] WU S B, KUSCHK P, BRIX H, et al. Development of constructed wetlands in performance intensifications for wastewater treatment: a nitrogen and organic matter targeted review[J]. Water research, 2014, 57:40-55.

[115] 王浩,贾仰文.变化中的流域"自然-社会"二元水循环理论与研究方法[J].水利学报,2016,47(10):1219-1226.

[116] FURUMAI H. Rainwater and reclaimed wastewater for sustainable urban water use[J]. Physics and chemistry earth, parts A/B/C, 2008, 33(5):340-346.

[117] ZHANG X H, CAO J, LI J R, et al. Influence of sewage treatment on China? s energy consumption and economy and its performances[J]. Renewable and sustainable energy reviews, 2015, 49:1009-1018.

[118] JIA Y W. Integrated Analysis of Water and Heat Balances in Tokyo Metropolis with a Distributed Model [D]. Tokyo: University of Tokyo, 1997.

[119] SIVAPALAN M, SAVENIJE H H G, BLÖSCHL G. Socio-hydrology: a new science of people and water[J]. Hydrological Processes, 2012, 26(8):1270-1276.

[120] 张杰,李冬.水环境恢复与城市水系统健康循环研究[J].中国工程科学,2012,14(3):21-26,53.

[121] 莫谍谍.城市社会水健康循环研究:以重庆市两江新区为例[D].重庆:重庆大学,2015.

[122] 王大将,周庆敏,常志玲,等.一种新的多指标综合评价方法[J].统计与决策,2007(7):137-138.

[123] 李帅,魏虹,倪细炉,等.基于层次分析法和熵权法的宁夏城市人居环境质量评价[J].应用生态学报,2014,25(9):2700-2708.

[124] 刘兴太,杨震,程洪海,等.层次分析法判断矩阵在确定科研绩效评价指标权重系数中的应用[J].中国科技信息,2008(19):185-186.

[125] 邵磊,周孝德,杨方廷,等.基于主成分分析和熵权法的水资源承载能力及其演变趋势评价方法[J].西安理工大学学报,2010,26(2):170-176.

[126] 郝天,桂萍,龚道孝.日本城市水系统发展历程[M].给水排水,2021,57(1):84-89.

[127] VIGLIONE A,DI BALDASSARRE G,BRANDIMARTE L,et al. Insights from socio-hydrology modelling on dealing with flood risk-Roles of collective memory,risk-taking attitude and trust[J]. Journal of hydrology,2014,518:71-82.

[128] ZHOU Z M,WANG X C. The influence of rainwater reuse on urban water circulation and downstream eco-environment [J]. Advanced materials research,2013,652/653/654:1696-1699.

[129] ZHANG S H,XIANG M S,YANG J S,et al. Distributed hierarchical evaluation and carrying capacity models for water resources based on optimal water cycle theory[J]. Ecological indicators,2019,101:432-443.

[130] 王富强,马尚钰,赵衡,等.基于AHP和熵权法组合权重的京津冀地区水循环健康模糊综合评价[J].南水北调与水利科技(中英文),2021,19(1):67-74.

[131] 王浩,王佳,刘家宏,等.城市水循环演变及对策分析[J].水利学报,2021,52(1):3-11.

[132] 唐继张,夏伟,周维博,等.基于关键绩效指标的西安市水循环健康评价[J].南水北调与水利科技,2019,17(01):39-45,60.

[133] 陈炯利,唐莲,齐娅荣,等.宁夏5市城镇居民生活用水量需求影响分析[J].中国农村水利水电,2020(2):158-163,174.

[134] 姜秋香,周智美,王子龙,等.基于水土资源耦合的水资源短缺风险评价及优化[J].农业工程学报,2017,33(12):136-143.

[135] 刘丽萍,唐德善.水资源短缺与社会适应能力评价及耦合协调关系分析

[J]. 干旱区资源与环境,2014,28(6):13-19.

[136] FALKENMARK M. Growing water scarcity in agriculture: future challenge to global water security[J]. Philosophical transactions series a, mathematical, physical, and engineering sciences, 2013, 371 (2002):20120410.

[137] BECERRA S,SAQALLI M,GANGNERON F,et al. Everyday vulnerabilities and "social dispositions" in the Malian Sahel,an indication for evaluating future adaptability to water crises? [J]. Regional environmental change, 2016,16(5):1253-1265.

[138] RESTEMEYER B,VAN DEN BRINK M,WOLTJER J. Between adaptability and the urge to control:making long-term water policies in the Netherlands [J]. Journal of environmental planning and management, 2017, 60 (5): 920-940.

[139] 江礼平,鄢小令,黄应厚,等.萍乡市水资源短缺风险分析[J].南昌工程学院学报,2018,37(1):17-20.

[140] 李菊,崔东文,袁树堂.基于足球联赛竞争算法-投影寻踪-云模型的水资源短缺风险评价[J].水文,2018,38(4):40-47.

[141] 杨哲,杨侃.基于组合赋权的模糊熵与灰色聚类-SPA 水资源短缺风险二维综合评判模型及应用[J].水电能源科学,2018,36(10):39-43.

[142] 王雅洁,刘俊国,赵丹丹.基于水足迹理论的水资源评价:以河北省张家口市宣化区为例[J].水土保持通报,2018,38(5):213-219.

[143] 赵自阳,李王成,王霞,等.基于蚁群算法的我国水资源短缺风险聚类分析[J].节水灌溉,2017(7):70-76.

[144] 廖强,张士锋,陈俊旭.北京市水资源短缺风险等级评价与预测[J].资源科学,2013,35(1):140-147.

[145] 许应石,李长安,张中旺,等.湖北省水资源短缺风险评价及对策[J].长江科学院院报,2012,29(11):5-10.

[146] 张中旺,周萍.基于主成分分析的襄阳市水资源短缺风险评价[J].中国农学通报,2016,32(2):92-98.

[147] 李新文,陈强强,景喆.甘肃河西内陆河流域社会化水资源稀缺评价[J].中国人口资源与环境,2005(6):85-89.

[148] TURTON A. Water scarcity and social adaptive capacity: towards an understanding of the social dynamics of water demand management in developing countries[D]. London:University of London,1999.

[149] 陈强强,李新文.社会适应性能力对水资源稀缺影响作用的定量分析:以黑河流域中游的张掖市为例[J].中国农村水利水电,2010(1):43-46.

[150] PORTNOV B A,SAFRIEL U N. Combating desertification in the Negev: dryland agriculture vs. dryland urbanization[J]. Journal of arid environments, 2004,56(4):659-680.

[151] 夏军,石卫,陈俊旭,等.变化环境下水资源脆弱性及其适应性调控研究:以海河流域为例[J].水利水电技术,2015,46(6):27-33.

[152] 杨梦飞.赣江流域水环境与社会经济耦合关系研究[D].南昌:南昌大学,2015.

[153] 李娜,孙才志,范斐.辽宁沿海经济带城市化与水资源耦合关系分析[J].地域研究与开发,2010,29(4):47-51.

[154] 潘安娥,陈丽.湖北省水资源利用与经济协调发展脱钩分析:基于水足迹视角[J].资源科学,2014,36(2):328-333.

[155] 陈燕.准东地区资源、环境与经济耦合协调发展研究[D].武汉:中国地质大学,2018.

[156] 张凤太,苏维词.贵州省水资源-经济-生态环境-社会系统耦合协调演化特征研究[J].灌溉排水学报,2015,34(6):44-49.

[157] 杨雪梅,杨太保,石培基,等.西北干旱地区水资源-城市化复合系统耦合效应研究:以石羊河流域为例[J].干旱区地理,2014,37(1):19-30.

[158] 喻笑勇,张利平,陈心池,等.湖北省水资源与社会经济耦合协调发展分析[J].长江流域资源与环境,2018,27(4):809-817.

[159] 邹明亮.基于 GRACE 的疏勒河流域水资源—生态环境时空耦合关系研究[D].兰州:兰州大学,2018.

[160] 蔡振饶,李旭东,李玉红,等.贵阳市经济发展与水资源环境耦合研究[J].人民长江,2018,49(6):39-43.

[161] 黄涛珍,刘栋,黄萍,等.基于耦合模型的城市化与水资源保护关系研:以南京市为例[J].环境科学与管理,2015,40(12):9-14.

[162] 周孝德,吴巍.资源性缺水地区水环境承载力研究及应用[M].北京:科学出版社,2015.

[163] 张文国,杨志峰.基于指标体系的地下水环境承载力评价[J].环境科学学报,2002,22(4):541-544.

[164] 赵青松,周孝德,龙平沅.关于水环境承载力模糊评价的探讨[J].水利科技与经济,2006,12(1):46-47.

[165] 孙磊,薛梅,朱丽,等.主成分分析法在区域水资源承载力评价中的应用

[C]//2007 第九届河湖治理与水生态文明发展论坛论文集.西安:[出版者不详],2017:103-106.

[166] 肖迎迎,宋孝玉,张建龙.基于主成分分析的榆林市水资源承载力评价[J].干旱地区农业研究,2012,30(4):218-223,235.

[167] 沈珍瑶,杨志峰.灰关联分析方法用于指标体系的筛选[J].数学的实践与认识,2002,32(5):728-732.

[168] 李艳,刘萍,王贵东,等.基于灰色关联度的水环境承载力指标体系简化[J].沈阳建筑大学学报(自然科学版),2011,27(1):135-139.

[169] 李颖.城市水环境承载力及其实证研究[D].哈尔滨:哈尔滨工业大学,2009.

[170] 李高伟,韩美,刘莉,等.基于主成分分析的郑州市水资源承载力评价[J].地域研究与开发,2014,33(3):139-142.

[171] 曹鸿兴,郑耀文,顾今.灰色系统理论浅述[M].北京:气象出版社,1988.

[172] 徐建新,王丽红,王伟,等.基于灰色关联的地下水环境承载力评价研究[J].人民黄河,2009,31(12):47-48.

[173] 彭继增,孙中美,黄昕.基于灰色关联理论的产业结构与经济协同发展的实证分析:以江西省为例[J].经济地理,2015,35(8):123-128.

[174] 游桂芝,鲍大忠.灰色关联度法在地质灾害危险性评价指标筛选及指标权重确定中的应用[J].贵州工业大学学报(自然科学版),2008,37(6):4-8.

[175] 卢纹岱,朱红兵.SPSS 统计分析[M].5 版.北京:电子工业出版社,2015.

[176] 邰淑彩,孙韫玉,何娟娟.应用数理统计[M].武汉:武汉大学出版社.2005,248-256.

[177] 张鹄志,马传明,王江思,等.主成分综合得分法应用于水质评价的不可靠性[J].安徽农业科学,2013,41(9):4042-4046.

[178] 李育安.关于主成分分析"综合得分"错误的论证[J].统计与管理,2014(8):15-16.

[179] 王学民.对主成分分析中综合得分方法的质疑[J].统计与决策,2007(8):31-32.

[180] 张海涛,甘泓,汪林,等.有关水资源承载能力基本问题的探讨[J].中国水利水电科学研究院学报,2013,11(4):309-313.

[181] DOU M,MA J X,LI G Q,et al. Measurement and assessment of water resources carrying capacity in Henan Province,China[J]. Water science and engineering,2015,8(2):102-113.

[182] 王彬,何通国,李燕群,等.基于水资源承载力的城市再生水利用研究:以

　　　　四川省德阳市为例[J].水土保持通报,2012,32(2):242-245.

[183] 孙伟.西安市污水资源化对水资源承载力的贡献研究[D].西安:西安建筑
　　　　科技大学,2015.

[184] 何腾,熊家晴,王晓昌,等.不同再生水补水比例下景观水体的水质变化
　　　　[J].环境工程学报,2016,10(12):6923-6927.

[185] 熊凯,宫兆宁,张磊,等.再生水补水条件下土壤全氮空间分布特征[J].吉
　　　　林大学学报(地球科学版),2017,47(6):1829-1837.

[186] 熊家晴,张扬,薛涛,等.补水条件改变对景观水体中沉积物氮磷释放的影
　　　　响研究[J].西安建筑科技大学学报(自然科学版),2017,49(5):728-733.

[187] 李海云,邱琰茗,李东青,等.北京市潮白河再生水补水河段水质时空变异
　　　　[J].环境科学研究,2017,30(10):1542-1552.

[188] 刘轩,陈荣,雷振,等.再生水补水条件下底泥对藻类生长影响作用[J].环
　　　　境工程,2018,36(7):37-41.

[189] 王骁,许素,陶文绮,等.再生水补水河道水质的生态修复示范工程及效能
　　　　分析[J].环境工程学报,2018,12(7):2132-2140.

[190] TOSHIHARU KOJIRI.日本水文学与水资源研究进展[J].水利水电技
　　　　术,2003,34(1):33-35.

[191] 武猛.基于二元水循环理论的河北省用水量分析[D].保定:河北农业大
　　　　学,2015.

[192] 刘存.基于水量—水质—生物的洋河水生态健康形势评价[D].邯郸:河北
　　　　工程大学,2018.